奇趣百科大揭秘

自然界中的杀手

崔钟雷 主编

知识出版社

U0577435

前言

打开这套百科丛书，仿佛品味着动植物世界的无穷魅力，又好像从喧嚣的闹市中嗅到来自大自然的缕缕清香。无论是"自然界中的杀手"，还是"动植物王国中的那些奇葩"，都向读者展现出动植物为了生存、繁衍和发展，呈现出的缤纷多彩的行为策略和生活技能。与传统百科丛书不同的是，本套丛书跳出了晦涩难懂的专业名词和数据的束缚，用简洁明了的文字和图文并茂的形式，展示了动植物在大自然中显露出的巧妙伪装和绚丽色彩。从最令人反感的到最奇怪的，从最可怕的到最迷人的，我们将在这里向充满好奇而又渴求知识的青少年朋友展现动植物世界的神奇魅力。

丛书中精美的图片是对大自然视觉的展示，摄影师的镜头为您展示出了大自然中动植物的奇妙世界。为了使阅读真正成为"悦读"，编者用栩栩如生的图片和简洁易懂的标题，如《植物的怪诞本性》《自然界中的万人嫌》《找个邻居好安家》，使您在欣赏图片和了解知识的同时与奇妙的大自然融为一体。知识的趣味性和全面性使得本套丛书成为绝对值得青少年朋友拥有的科普读物。

与灌输式介绍说再见，用独特的视角对千余种动植物展开妙趣横生的探索。《奇趣百科大揭秘》将带您步入一个神奇的自然世界。

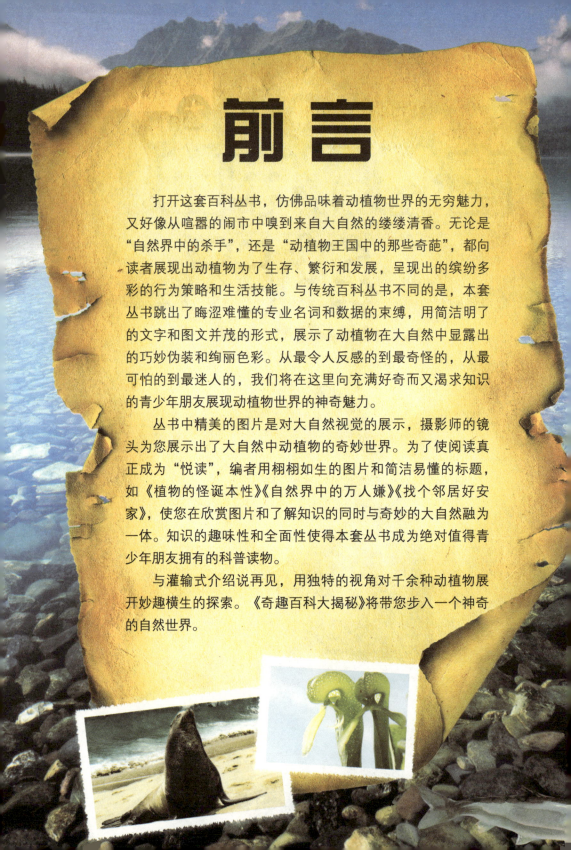

目录
CONTENTS

第一章
动物杀手

008　百兽之王——老虎

010　狼的克星——豺

012　夜行者——狼

014　现实中的"辛巴"——非洲狮

016　长鼻之王——象

018　莫名其妙者——黑犀牛

020　赛跑能手——野猪

022　巨型食蚁兽——一掌就能拍死你

024　荷叶豹——云豹

026　猞猁——山猫

028　激素杀手——宽吻海豚

030　海上霸王——虎鲸

032　顶端的猎食者——海豹

034　吸血鬼——吸血蝙蝠

036　火爆之鸟——食火鸡

038　爬行毒王——眼镜王蛇

040　海蛇之王——贝尔彻海蛇

042　致命毒蛇——太攀蛇

044　牙锋齿利——澳大利亚咸水鳄

046　大凯门——眼镜凯门鳄

048　冷血杀手——科莫多巨蜥

050　剧毒户——箭毒蛙

052　海洋杀手——大白鲨

054　气泡鱼——河豚

056　"致命一刺"——石头鱼

目录
CONTENTS

058 水中狼族——食人鱼

060 温和杀手——黄貂鱼

062 热情杀手——红火蚁

064 捕食者——螳螂

066 杀人蜂——非洲劲蜂

068 疟疾传播者——疟蚊

070 吸血能手——舌蝇

072 猎鸟高手——捕鸟蛛

074 名如其物——黑寡妇蜘蛛

076 毒蝎冠军——巴勒斯坦毒蝎

078 以小见大——蜱虫

080 深海刺客——海胆

082 蓝环章鱼的剧毒

084 致命的鸡心螺

086 澳大利亚箱形水母的致命毒液

088 美丽触手——海葵

第二章
植物杀手

090 毒蝎子——夹竹桃

092 最称职的杀手——羊角拗

094 全株毒者——黄蝉

096 天使的号角——木本曼陀罗

098 麻风树中的致命汁液

100 断肠草——大茶药

101 美丽杀手——相思豆

102 中药大黄

104 肉食植物——狸藻

106 碱性植物——博落回

107 须根带毒的八角枫

108 地狱花——曼珠沙华

110 凌波仙子——水仙花

112 草寸香——铃兰

114 哑棒——万年青

116 以毒攻毒——山菅兰

118 隐身杀手——萱草

120 滴水毒观音——海芋

122 花中毒西施——杜鹃花

124 杀人凶手——舟形乌头

126 北美毒王——水毒芹

127 不可生食的银杏

奇趣百科大揭秘

//QIQU BAIKE DAJIEMI

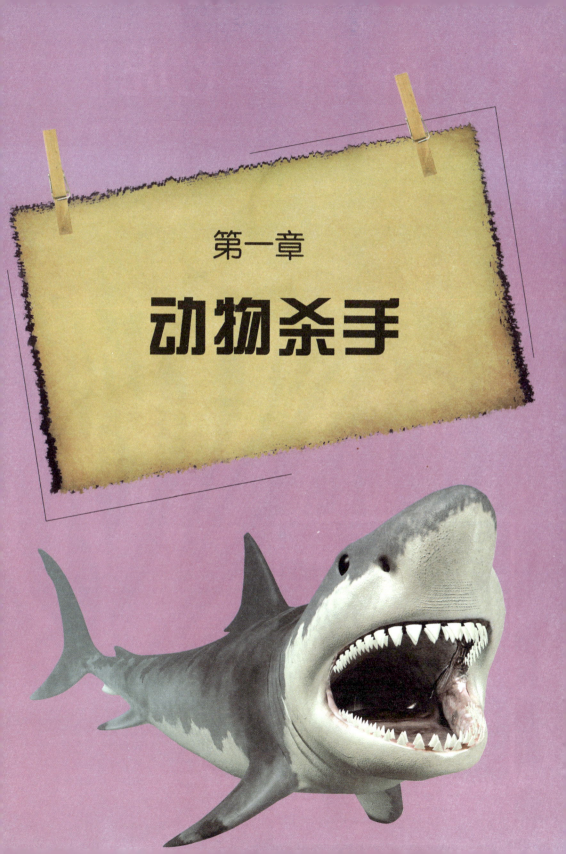

第一章

动物杀手

百兽之王——老虎

　　老虎属于猫科动物，它是森林中最强大的食肉动物，是当今森林中处于食物链顶端的动物之一，被贴切地称为"森林之王"。老虎拥有猫科动物中最长的犬齿、最大的爪子。在捕猎时，它动作敏捷且集速度、力量于一身。老虎前肢的挥击力量可以达到 1000 千克，利爪的刺入深度可以达到 11 厘米，一次跳跃最远的距离可达 6 米，因此老虎成为了最完美的捕食者，也成为了最致命的动物之一。

老虎的身体被淡黄色的长毛覆盖，并稀疏地分布着黑色的斑纹，腹部呈白色。

老虎生性谨慎，它可以捕杀象、牛、野猪、豹子、熊等攻击力很强的动物。老虎一旦发威，势不可当，因此，它在自然界中几乎没有天敌，只害怕武装到牙齿的人类。老虎在中国自古以来就被称为"兽中之王"，也就是"毛虫之长"，并与被中国尊为"鳞虫之长"的龙并列。

老虎头顶长有紧密的黑色斑纹，看起来像一个"王"字。

老虎长有一对异常锋利的犬齿，可以在奔跑中准确地咬住猎物，将其撕裂。

自然档案馆

纲：哺乳纲
目：食肉目
科：猫科

狼的克星——豺

豺的嗅觉灵敏，耐力极好，猎食的方式与狼相似：多采取接力式穷追不舍和集体围攻、以多取胜的办法。它们的爪牙锐利，胆量极大，性情非常凶狠、残暴并且贪食。它们敢于袭击水牛、马、鹿、山羊、野猪等体形较大的有蹄类动物，甚至也成群地向狼、熊、豹等猛兽发起挑衅和进攻，吓得这些猛兽或落荒逃走或爬上大树，豺就以这样的方法夺取其他猛兽口中的食物。如果这些猛兽不放弃食物，一场激战便在所难免，但最终结果多半是豺获得胜利。虽然单打独斗时，豺并非它们的对手，但一群豺在集体行动时，互相呼应和配合的作战能力却要高出一筹。有时连老虎都会被一群穷追不舍的豺活活咬死，对于手无寸铁的人类来说，其致命指数不言而喻。

自然档案馆

纲：哺乳纲
目：食肉目
科：犬科

智多星训练营

能够体现"豺智"的就是一群豺相互配合，搏杀体格威猛的牛的场景。首先，一只豺会跑到牛的面前嬉戏，另一只则跳到牛背上用前爪在牛屁股上抓痒。当牛感到无比舒服而翘起尾巴时，豺就会对准牛的肛门痛下狠手。这种"黑虎摘桃"的独门武功是它们智慧的显现：在最薄弱的隐私地带打击敌手，这固然十分奏效，但也从中看出，这种动物阴鸷而黑暗的一面。

生存环境

豺在各个地区的分布密度均较为稀疏，数量远不如狐、狼等动物那样多。它们栖息的环境也十分复杂，无论是热带森林、丛林、丘陵、山地等地形，还是高山林地、高山草甸、高山裸岩等高寒地带，都能发现它们的踪迹。它们居住在岩石缝隙、天然洞穴之内，或隐匿在灌木丛之中，但它们不会自己挖掘洞穴。

夜行者—狼

　　狼是一种凶猛的食肉动物，自古以来就留给人一种狠毒残暴的印象。它的长相和家犬十分相似，但与家犬相比，狼的嘴比较尖，耳朵是直立着的，尾巴也是下垂的。狼的皮毛通常为黄褐色，两颊有白斑。狼经常昼伏夜出，捕食野生动物。它非常聪明勇敢，生性凶猛，在食物匮乏的时候有可能捕食牛羊，但极少袭击人类。在动物世界中，我们不得不说狼是最可怕的自然恶棍之一，它攻击家畜，一次就能消耗20斤肉。

　　狼的奔跑速度极快，可以达到55千米/小时，狼的耐力也非常强，它有能力以10千米/小时的速度长时间奔跑，并能以高达近65千米/小时的速度追猎冲刺。如果比长跑的话，猎豹都不是狼的对手。

狼的眼睛明亮有神，视力极好，适合在夜间活动，眼角略微上扬。

狼的吻略尖长，口稍宽阔，牙齿锋利。

智多星训练营

在玩耍时，狼会全身伏低，嘴唇和耳朵向两边拉开，有时会主动舔或快速伸出舌头。 在愤怒时，狼的耳朵、背毛都会竖立，唇卷起或后翻，露出门牙，有时也会弓背或咆哮。狼在恐惧、害怕时会试图把自己的身子缩得较小，从而使自己在敌人面前不那么显眼。

狼的首领

在狼群中，占优势主导地位的首领一般会保持身体挺高，腿伸直，神态坚定，耳朵直立向前，尾部纵向卷曲朝背部的威严身姿。这样会显示出它在狼群中的领导地位，并且方便它一直盯着那些地位低下的狼。

现实中的"辛巴"—— 非洲狮

　　非洲狮以草原之王的美誉而闻名于世。非洲狮不论白天黑夜都可以捕食出击，但是相对来讲，它们在夜间捕食的成功率要更高一些，尤其是在月黑风高的夜晚……风对非洲狮捕食一般不会产生多大的负面影响，有时，大风天反而还有助于它们捕食，因为风吹草动制造出的噪音会掩盖住非洲狮靠近猎物的声音。非洲狮喜欢协同合作，尤其是遇到的猎物个头比较大的时候。非洲狮总是从四周悄悄地包围猎物，并逐步缩小包围圈，其中有些狮子负责驱赶猎物，其他狮子则等着伏击。尽管它们的战术很高明，但实际上它们单独捕猎的成功率只有 20% 左右。尽管如此，它们拥有致命的武器——巨大的牙齿、闪电般的速度，以及锋利的爪子。作为一名普通人，在面对它们时，你只能期待它们已经吃饱了。

幼狮看上去还很稚嫩，而且样子相当可爱，两岁的幼狮便可以自己猎食了。

狮群的分工

在狮群中从事捕猎工作的主要是雌性成员，而雄性成员的工作除了承担一半繁衍后代的任务外，还要和草原上游荡的"流浪汉们"做斗争，这不但关乎自己在狮群中的地位，包括交配权，还涉及它的后代的性命。因为胜利者常常杀死狮群中无力自卫的幼狮，逼迫狮群中的母狮和它婚配。

狮子的头部

狮子的头部巨大，脸形颇宽，鼻骨较长，鼻头是黑色的。狮子的耳朵比较短，母狮的耳朵好像是个短短的半圆，头部没有鬃毛。

自然档案馆

纲：哺乳纲

目：食肉目

科：猫科

长鼻之王——象

象，通称大象，是目前世界陆地上最大的哺乳动物。大象对伤害自己的人是"决不手软"的，据相关数据显示，全球每年被大象杀死的人已达 500 多个，它们锋利的象牙是非常厉害的武器。

在一个动物园里，一名游客用香蕉逗大象，当大象伸出长鼻子来取时，他却用针扎了一下象鼻子，大象立刻缩回了长鼻子，走开了。但当这名游客在动物园里逛了一圈，再经过象宫时，那头被扎的大象突然卷起他头上的帽子，将帽子撕碎，然后抛了出去。这名游客顿时被吓得目瞪口呆，大象却长鸣一声，甩着长鼻子满足地走了。

在塞内加尔的一个国家公园里，三名偷猎者射伤了一头大象。这头受伤的大象被激怒了，向偷猎者冲过去。其中，两个人逃跑了，剩下的一个人惊慌中爬上了一棵大树。愤怒的大象用鼻子将树连根拔起，将那个人摔昏过去，然后大象走上前去将那个人踩成了"肉饼"。

自然档案馆

纲：哺乳纲
目：长鼻目
科：象科

大象的上颌具有一对发达门齿，终生生长，非洲象的门齿可长达 3.3 米，雌性亚洲象长牙不外露。

智多星训练营

大象的脂肪会交流

大象是用我们人类听不到的次声波来交流的。在无干扰的情况下，次声波一般可以传播 11 千米，如果遇上气流导致传声介质不均匀，只能传播 4 千米。如果在这种情况下还要交流，象群就会集体跺脚，产生强大的"轰轰"声，这种语言最远可以传播 32 千米。事实上大象用骨骼传导声波，当声波传到时，会沿着脚掌通过骨骼传到内耳，而大象脸上的脂肪可以用来扩音，动物学家把这种脂肪称为扩音脂肪，许多海底动物也有这种脂肪。

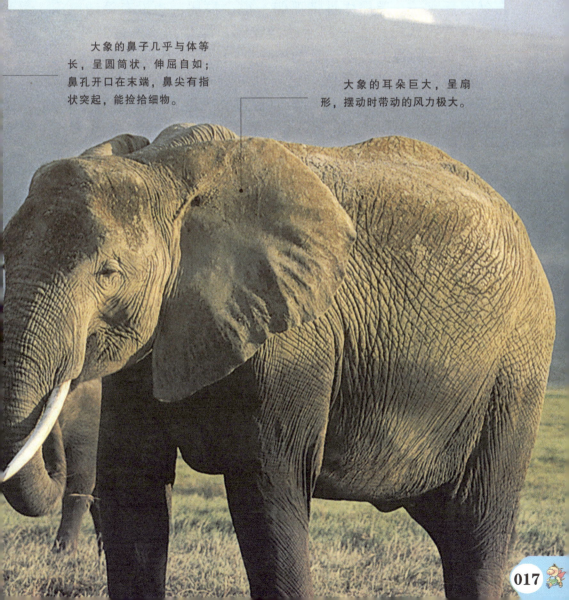

大象的鼻子几乎与体等长，呈圆筒状，伸屈自如；鼻孔开口在末端，鼻尖有指状突起，能捡拾细物。

大象的耳朵巨大，呈扇形，摆动时带动的风力极大。

莫名其妙者——黑犀牛

　　黑犀牛又叫尖吻犀，它的体色其实是灰色的，由于其经常在泥土中打滚而成黑色。因为它皮厚无毛，所以黑犀牛常用稀泥保护身体以防昆虫叮咬，它在泥中打滚还有另一个原因：黑犀牛不能出汗，需用此保持身体凉爽。黑犀牛大都栖息在丛林地带，对水的依赖性很强，因此水源是影响黑犀牛分布的主要自然因素之一。黑犀牛性情孤僻，很少群居，也没有领域意识，幼犀常常跟随母犀牛一起活动，直到母犀牛再次产仔时才会离开。黑犀牛的视力较差，听觉和嗅觉相对来说比较灵敏。

　　黑犀牛脾气非常暴躁，这在动物界是出了名的。虽然可能有些夸大，但它的脾气确实难以捉摸，有时黑犀牛会莫名其妙地攻击车辆、人和营火，它短距离奔跑时的速度可达 45 千米/小时，具备一定的攻击实力。

黑犀牛的好朋友

　　黑犀牛的好朋友是小犀牛鸟，这是为什么呢？因为非洲的黑犀牛身上会生长一些讨厌的扁虱和其他寄生虫，而小犀牛鸟非常喜欢这种食物，它们通常会停在犀牛的身上到处找这些寄生虫吃，犀牛感到非常惬意，当然这是有回报的，当有大型猛兽出现时，犀牛鸟会发出一种很小的警告声，犀牛便会警惕起来并及早做好反击或逃跑的准备。

犀牛的前角很长，最长可达 1.2 米。角尖锋利，可以顶杀小型哺乳动物。

自然档案馆

纲：哺乳纲

目：奇蹄目

科：犀牛科

赛跑能手——野猪

野猪又被称为山猪，它们一般四肢粗短，身体健壮。它们的头比较长，耳朵直立，尾巴又细又短。野猪犬齿发达，雄性的上犬齿外露，并向上翻转，呈獠牙状，看上去非常凶猛。

在野猪幼患还没有独立生存的能力的时候，母野猪单独照顾幼患，这时的母野猪攻击性也很强，甚至连公野猪都害怕它们。

野猪机灵凶猛，奔跑迅速，警惕性也很高，身上的鬃毛既是保暖的"外衣"，又是向同伴发出警告的"报警器"，一旦遇到危险，它会立即抬起头，突然发出"哼"声，同时鬃毛都会倒竖起来。如果猎豹遇到野猪群，也不敢贸然发动进攻，因为野猪的长獠牙不好对付，所以猎豹只好远远地跑跑哨哨。等到野猪成群逃窜的时候，猎豹紧紧案追捕，猎食者在长途奔驰中落后的个体。野猪的獠牙十分尖锐，鬃毛和皮上涂有凝固的松脂，猎枪弹也不易射入。为了防范人类的猎杀，野猪有时也攻击人，但它们却严格遵守着"人不犯我，我不犯人"的准则，受到人类反击时，受伤的野猪会疯狂地向人类攻击，那种场景会令人惊恐万分。

自然档案馆

纲：哺乳纲
目：偶蹄目
科：猪科

治疗胃病的极佳药物——野猪肚

据说野猪吞食毒蛇后，毒蛇的毒牙将咬住野猪肚内壁，而在长期各种中草药浸泡下的野猪肚，自有一套会疗会愈合伤口的高招：野猪肚的内壁会在伤口基底生出肉芽组织，进而形成纤维组织和瘢痕组织。之后胃黏膜上会留下一个"疗"，"疗"越多，其药用价值就越高。现代医学实验也表明，野猪肚含有大量人体必需的氨基酸、维生素和微量元素，可助消化，特别对胃出血、胃炎等有一定的药理疗效。

野猪与家猪有较大的差异，最明显的特征是野猪有两颗不断生长的獠牙。

巨型食蚁兽——
一掌就能抡死你

巨型食蚁兽主要分布在南美洲的热带雨林中，它们被人们列入了珍稀保护动物的行列。巨型食蚁兽的嘴巴非常长，舌头同样很长。它们的舌头不但有非常强的伸缩能力，而且舌头上还布满了小刺。舌头分泌大量的黏液，能够黏住蚂蚁，再加上巨型食蚁兽有能够闻出蚂蚁气味的无比灵敏的鼻子，使得它们能够非常容易地找到蚂蚁的巢穴，而且饱餐一顿。除此之外，巨型食蚁兽还有非常粗壮的前腿，10厘米长的尖爪，往往能够一掌置人于死地。当它们受到威胁时，巨型食蚁兽甚至能够攻击美洲虎和美洲狮，而且往往都能取得胜利。

自然档案馆

纲：哺乳纲
目：贫齿目
科：食蚁兽科

美洲大陆的王者

　　除非是领地受到了侵略，否则巨型食蚁兽平时异常安静。巨型食蚁兽是食蚁兽家族中体形最大的，肩高能达到1.3米，体重75千克，当它们与美洲狮或美洲虎相遇的时候往往都是巨型食蚁兽先发动攻击，美洲狮和美洲虎都不得不退避三舍。

　　食蚁兽的嘴很长，可以伸进蚂蚁的巢穴之中，而且它的嘴就是为了捕食蚂蚁而逐渐长长的。

荷叶豹——云豹

云豹体色金黄，头部很圆，口鼻突出，口鼻部、眼睛周围、腹部呈白色，黑斑覆盖着它们的头部，两条泪槽穿过面颊。云豹圆形的耳朵背面有黑色圆点，它们的瞳孔不像其他动物一样是圆形的，而是长方形的。

这种致命的云豹犬齿锋利，同与它们头部同样大小的其他食肉动物相比，它们有着最长的牙齿，与史前已灭绝的剑齿虎的牙齿极为相似。它们个子虽然矮小，但却具有猛兽的凶残性格和矫健的身体。因为云豹有高超的爬树本领，所以它们可以很轻松地上树猎食猴子和小鸟，还能下地捕捉鼠、野兔、小鹿等小型哺乳动物，有时还偷吃鸡、鸭等家禽。

传说中化妆的云豹

在布依族古老的传说中，台湾黑熊和云豹的毛本来都很难看，它们常常为了这件事互相叹气诉苦。有一天，黑熊和云豹聚在一起，希望能商量出变漂亮的办法。最后黑熊提议，彼此帮对方用颜料化妆。云豹要求先化妆，老实的黑熊很用心地替云豹涂上美丽的颜色和花纹，从此云豹便拥有一身漂亮的毛。

自然档案馆

纲：哺乳纲
目：食肉目
科：猫科

云豹的四肢短而有力，爪子非常大。

它们的犬齿与前臼齿之间的缝隙较大，这样它们更容易杀死较大的猎物。

猞猁——山猫

　　山猫也叫猞猁，生活在森林灌丛地带，一般在密林及山岩上较常见。它们比较擅长攀爬和游泳，忍耐饥饿的能力也很强，它们可在一个地方静静地卧上几天而不吃不喝。山猫不畏严寒，喜欢捕杀狍子等大中型兽类。山猫晨昏活动频繁，活动范围视食物丰富程度而定，它们有领地行为和固定的排泄地点。

　　山猫以丛林中的小型啮齿类动物为食，有时也捕捉鸟类，还会向鹿发起攻击。它们从不孤身活动，有时两三只在一起，会组成临时的捕猎小集体。山猫的性情狡猾而谨慎，遇到危险时会迅速逃到树上躲避起来，有时还会躺倒在地，假装死去，从而躲过敌害。对于一个体形相对较小的山猫来说，它可以猎取像鹿一样大的猎物，由此可见其致命程度。

山猫与家猫

　　山猫的外形酷似家猫，但它要比家猫大许多。山猫体形略小于狮、虎、豹等大型猛兽，因此它属于中型猛兽。山猫的毛色变异较大，有棕褐色、土黄褐色、浅灰褐色等多种色型。

山猫的恋爱季

山猫的恋爱季节一般在每年的晚冬和早春，即二三月份，经过 67~74 天的妊娠期，母猫会生下 2~4 只山猫宝宝。在大约一个月大的时候宝宝们就开始吃固体食物了。一般在第二年恋爱季节到来的时候它们才会离开妈妈。为了生存，小山猫们有时会继续在一起生活一段日子，可能几周或者几个月，然后就各奔前程了。

自然档案馆

纲：哺乳纲
目：食肉目
科：猫科

山猫的两耳尖端生有耸立的笔毛，很像戏台上武将"冠"上的翎子。

激素杀手——宽吻海豚

　　宽吻海豚长着令人羡慕的流线型身体：身体中部粗圆，从背鳍往后逐渐变细，额部隆起。它的皮肤光滑无毛，身体背面呈发蓝的钢铁色和瓦灰色，它的呼吸器官是头上的喷气孔。它的牙齿是海豚科中最大的，上下颌每侧各有大型牙齿21~26枚，长度为4~5厘米，直径为1厘米。科学家认为，雄性的宽吻海豚生活在靠近陆地的浅海地带，较少游向深海，有时它也是极其危险的，它会释放强大的激素，这种生理激素会催使它攻击一些小女孩。

宽吻海豚的背鳍为三角形，略微后屈，位于体背的中部附近。

宽吻海豚很聪明

宽吻海豚的智力很发达，具有较强的理解能力，本性爱玩。所以在人工饲养下，经过训练，它们可以"唱歌""顶球""牵船"等，它们无疑都是很出色的特技表演者。其实，宽吻海豚比猴子聪明得多。有些技巧，猴子得练习好几百次才能学会，而宽吻海豚只要训练一二十次就能运用自如了。宽吻海豚的脑重量甚至比人脑还重 0.1 千克，达到 1.6 千克，它的脑重量堪称世界第一。

自然档案馆

纲：哺乳纲
目：鲸目
科：海豚科

宽吻海豚的吻较长，嘴短小，嘴裂外形总是给人一种它在微笑的感觉，很讨人喜欢。

海上霸王——虎鲸

　　虎鲸别称杀人鲸、逆戟鲸，是一种大型齿鲸，身长为 8～10米，体重 9 吨左右，背呈黑色，腹为灰白色，背鳍弯曲长达 1 米，嘴巴细长，牙齿非常坚硬，它们叼住的食物都是整个吞下去的。1862 年，有人从一头虎鲸的胃中发现了 13 头海豚和 14 只海豹，由此可见虎鲸的致命程度。虎鲸性情凶猛，善于进攻猎物，是企鹅、海豹等动物的天敌。有时它们还袭击其他鲸类，甚至是大白鲨，可称得上是名副其实的海上霸王。虎鲸时常会有跃身击浪、浮窥，或是以尾鳍或胸鳍拍击水面的行为，它们的泳速最快可达55 千米 / 小时，可在水下闭气 17 分钟左右。

自然档案馆

纲：哺乳纲

目：鲸目

科：海豚科

分布地区

　　虎鲸广泛分布于全世界的海域，日本北海、冰岛都有它们生活的踪迹，它们对于水温、深度等因素似乎没有明显的要求。它们在高纬度地区有相当高的栖息密度，特别是猎物充足的海域，更是它们生活的乐园。

虎鲸大而高耸的背鳍位于背部中央，其形状有高度变异性，雌鲸与未成年虎鲸的背鳍呈镰刀形，而成年雄鲸则多半如棘刺般直立，高度为1~1.8米。

虎鲸的头部呈圆锥状，没有突出的嘴喙。

特技表演家

在水族馆里可以饲养虎鲸，它们既聪明又听话，还能学会许多技艺，表演各种节目，最激动人心的节目是"迎客"：随着铃声，虎鲸巨大的头部露出水面，向观众徐徐游去，以示"欢迎"，有时它们甚至还让饲养员把头伸入自己的巨嘴里，一动也不动。

顶端的猎食者——海豹

　　海豹是哺乳动物，它们和陆地上的豹子是亲戚，但并不像豹子跑得那么快。海豹是南极食物链顶端的猎食者，它们下颌异常强劲，长牙非同小可，若是被它们咬上一口那可是致命的。

　　海豹最喜欢吃的食物是鱼类，尤其是那些人类不喜爱的鱼，还有几种海豹喜欢捕食磷虾。别看海豹样子温驯，表面上看好像笨笨的，但海豹在捕食方面可是高手。即使在冰冷漆黑的水里，海豹也能捕猎，因为它们脸上的须子可以根据身边水压的变化估测到水中动物的方位，所以即使是视力不好的海豹也能猎食。

海豹长了一双类似于鱼鳍的脚，趾间有蹼，形成鳍状肢，具利爪。它后鳍肢大，向后延伸，在陆地上行走的速度非常缓慢。

海豹的头近圆形，眼大而圆，无外耳廓，吻短而宽，上唇触须长而粗硬，呈念珠状。

最佳潜水员

海豹有时在海里游玩，有时上岸休息。上岸时多选择海水涨潮能淹没的内湾沙洲和岸边的岩礁。例如，在我国的辽宁盘山河口及山东庙岛群岛等地都能看见大群海豹出没。海豹的游泳本领很强，速度可达 27 千米/小时，它们善于潜水，一般可潜至水下 100 米左右，南极海域中的威德尔海豹则能潜到水下 600 多米深，持续 43 分钟。

吸血鬼——吸血蝙蝠

在哺乳动物中，吸血蝙蝠是一种特有的吸血种类。吸血蝙蝠飞行力强，它们贪婪不已，吸血总是越多越好，而且每次吸血的时间为 10 多分钟，最长达 40 分钟。每次吸血，它们都会把自己的肚子撑得鼓鼓的，大约可吸血 50 克，相当于自身体重的一半，有时甚至吸血多达 200 克，相当于体重的一倍。即便如此，它们依然能够起飞，真是名副其实的"吸血鬼"。吸血蝙蝠的寿命较长，平均寿命为 12 年。一般来说，一只吸血蝙蝠一生所吸的血达 100 升左右。2010 年 1 月，在秘鲁亚马孙地区，吸血蝙蝠大肆咬人吸血，引起了极大的恐慌，据有关部门统计，事件发生几周内就有至少 7 名儿童因吸血蝙蝠咬伤而患了狂犬病，最后死亡。

吸血蝙蝠的翼是在进化过程中由前肢演化而来，由其修长的爪子之间相连的皮肤（翼膜）构成。

夜幕下的凶手

　　吸血蝙蝠每晚定时觅食，吸哺乳类动物的血。它们降落于牛、马、鹿等动物附近的地面，然后爬上动物的前肢到肩部或颈部，利用其上门齿和犬齿，切开哺乳动物的几毫米厚的皮肤，用舌头舔食流出的血液。偶尔它们也在家畜脚上吸血，它们能不时地迅速跳动，以避免被吸动物脚的防御动作而造成伤害。每只蝙蝠每晚吸血量超过其体重的50%，一只34克的吸血蝙蝠，每晚大概吸血18克。

火爆之鸟——食火鸡

食火鸡是世界上体积第三大的鸟类，仅次于鸵鸟和鸸鹋，它的翅膀已经退化，比鸵鸟的翅膀退化得更加严重。食火鸡擅长奔跑，喜欢跳跃，十分机警，它的鸣叫声粗如闷雷。食火鸡生性凶猛，常用锐利的内趾爪攻击天敌。食火鸡栖息于热带雨林中，以拥有 12 厘米长、类似匕首一样的利爪而闻名，集利爪、强有力的腿、极快的速度和弹跳力于一身，瞬间即可钩出人类的内脏，像狗和马这两种动物在它的一击之下会即刻致命。2007 年，《吉尼斯世界纪录大全》收其为"世界上最危险的鸟类"。

食火鸡有 3 个脚趾，其中最内侧脚趾有一个匕首般的长趾甲。

食火鸡的身体被亮黑色发状羽毛覆盖；翅小，飞羽羽轴化为 6 枚硬棘。雌雄鸟羽毛相似，但雌鸟体形较大，前颈的两个肉垂亦较大。

食火鸡的头顶有高而侧扁呈半扇状的角质盔；头颈裸露部分主要为蓝色。颈侧和颈背为紫、红和橙色。

田径好手鹤鸵

食火鸡学名鹤鸵。分布于大洋洲东部、新几内亚和附近岛屿，是产于澳大利亚—巴布亚地区的几种大型不能飞的鸟类之一。食火鸡为鹤鸵目鹤鸵科唯一的代表。它奔跑的时速可达 50 千米/小时。鹤鸵目亦包括鸸鹋。

爬行毒王——眼镜王蛇

眼镜王蛇含有剧毒，是中国蛇类中生性最凶猛的一种毒蛇，它可以杀死一头大象。眼镜王蛇的舌头很灵敏，能通过空气侦察敌情，辨别猎物的类别。眼镜王蛇的毒液毒性为"混合性毒"，一条成年的眼镜王蛇一次排出的毒量为 300 多毫克，对人畜危害极大。最令人恐怖的莫过于其受惊发怒时的样子，那时，它的身体前部会高高立起，颈部变得宽扁，暴露出其特有的眼镜样斑纹，同时，它的口中吞吐着又细又长、前端分叉的舌头。眼镜王蛇的性情极其凶猛，反应敏捷，头颈转动灵活，排毒量大，可以说是世界上最危险的蛇类。

自然档案馆

纲：爬行纲

目：有鳞目

科：蛇科

眼镜王蛇又被称为山万蛇、过山风波、大扁颈蛇、大眼镜蛇、大扁头风、扁颈蛇、大膨颈、吹风蛇、过山标等。眼镜王蛇属于剧毒蛇类，体长一般为120~400厘米，体重一般为2~8千克。

智多星训练营

眼镜王蛇是一种智商很高的蛇，它会捕食其他蛇类，而且能分辨出对方是否有毒。在捕食无毒蛇时，眼镜王蛇并不轻易使用毒液，它会随便咬上一口不放，任凭猎物挣扎反抗，直到猎物死后才慢慢吞食。在捕食毒蛇时，它则不会轻举妄动，而是不断挑衅，当对方终被激怒向它发起进攻时，眼镜王蛇会机警地躲闪，最后当猎物疲惫不堪，再也无力对抗时，它会一口咬住猎物头颈并释放毒液将其毒死。

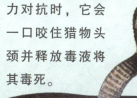

海蛇之王——贝尔彻海蛇

贝尔彻海蛇是世界上最毒的蛇类，它的毒性比陆地上的任何蛇都大许多倍。被贝尔彻海蛇咬上一口后，通常没有剧烈疼痛的感觉，甚至连轻微的疼痛感也没有，水肿现象也很少，但是，情况会渐渐恶化，中毒者会出现轻微的焦虑、头晕和轻飘飘的陶醉感，接着，舌头便会肿胀，导致吞咽困难，肌肉无力，最后可能恶化至全身瘫痪。到目前为止，人类对贝尔彻海蛇的研究不多，只知道贝尔彻海蛇的毒为神经毒，尚无血清可以解毒。

智多星训练营

贝尔彻海蛇是一类终生生活在海水中的毒蛇。舌下的盐腺具有排出随食物进入体内的过量盐分的功能。小贝尔彻海蛇体长 0.5 米，大贝尔彻海蛇可长达 3 米左右。它们栖息于近海沿岸，特别是半咸水、咸水河口一带，以鱼类为食。

贝尔彻海蛇身体表面有鳞片包裹，鳞片下面是厚厚的皮肤，可以防止海水渗入和体液的丧失。

贝尔彻海蛇的鼻孔朝上，有瓣膜可以后闭，吸入空气后，可关闭鼻孔潜入水下达 10 分钟之久。

致命毒蛇——太攀蛇

　　太攀蛇是一种致命的毒蛇，也是连续攻击速度最快的蛇，它的身体强壮，能够分泌一种致命的毒液。太攀蛇每咬一口释放出的毒液已足够杀死 50 万只老鼠和 100 个成年人，它的毒液能够引起呕吐，并会令人的心脏停止跳动，与核武器的杀伤力不相上下，它的毒性与贝尔彻海蛇齐名。被太攀蛇咬上之后，出现的症状与其他蛇不同，首先，你的血液会凝固，但你的七窍会些微出血，过一会儿，你会感到眼前的事物出现重叠影像，之后，你全身的机能会慢慢停顿，最后瘫痪窒息而死。当你被其咬到后，如果在几分钟内没有得到适当治疗的话，那你就必死无疑了。

太攀蛇的头呈狭长棺木形，头部颜色稍淡，身体色为褐色，它的身上生有一条沿着背脊的橘色条纹。

智多星训练营

到目前为止还没有记录显示有人死于太攀蛇的咬伤，因为此蛇分布于人迹罕至的荒漠，且性格比较温和，看见人会主动避让，非常害羞。如果不是人类主动捕捉，它们是不会轻易被激怒的。

澳大利亚政府及人民也早已对这种著名的毒蛇有所防范。政府不仅向人民细致地介绍了该物种的具体生活习性，还陈述了中毒后的一般反应，以便于人民预防和救治。

死亡之蛇

太攀蛇分布于澳大利亚北部、新几内亚，栖息于树林、林地，以小哺乳动物为食，卵生，体长约两米。它的毒液中含有神经毒素、心脏毒素，一次排出的毒液毒性要比眼镜王蛇的毒强9倍。

牙锋齿利——澳大利亚咸水鳄

澳大利亚咸水鳄是世界上体形最大的爬行动物，雄性的澳大利亚咸水鳄最长可达 10.6 米，重量可超过 1 吨，牙齿粗大锋利。它们是世界上最富攻击性、最危险的鳄鱼种类。澳大利亚咸水鳄的体形与圆木相似，通常情况下，它们都是悠闲地躺在水中，等待猎物送上门来，在捕食时，它们的牙齿能够深深地刺入猎物的身体，令其疼痛难忍，然后它们再把猎物拖下水肢解。据 2008 年 5 月 25 日《中国日报》报道，一只澳大利亚咸水鳄和一条鲨鱼狭路相逢，双方展开了生死肉搏，最后鲨鱼成了澳大利亚咸水鳄的腹中美食。在 1988 年到 2008 年之间，大约有 12 人死于澳大利亚咸水鳄之口。

澳大利亚咸水鳄的吻较钝，吻长不超过吻基宽的 2.2 倍。

澳大利亚咸水鳄的背面呈深橄榄色或棕色，体长可达 6~7 米。

智多星训练营

　　澳大利亚咸水鳄的体形庞大，鼻部较宽，大都在海水或流向海洋的河流里生活。通常它喜欢躲在水底，用其巨大有力的尾部推动身体，它运动起来像导弹一样迅速。在有鳄鱼的湖水里，你也许没有看见它的身影，但并不等于它对你没有威胁，也许就在你疏忽的一瞬间，它就会从某个角落突然蹿出来，狠狠地咬住你，使你的小命瞬间葬送在它的血盆大口里。

澳大利亚咸水鳄的牙齿锋利，前颌齿 4 枚（很少 5 齿），上颌齿 13~14 枚，颌齿 15 枚，齿总数 64~68 枚。第四枚下颌齿嵌入上颌边缘的一个空隙内，闭口时可见。

大凯门——眼镜凯门鳄

眼镜凯门鳄的形态特征是：一般雄性的身体 1.2~2.5 米，最长的为 2.5 米左右，雌性的身体最长约 1.4 米，刚出生的小眼镜凯门鳄有 20~25 厘米长。眼镜凯门鳄的双眼像眼镜一样隆起，故得名为"眼镜凯门鳄"。眼镜凯门鳄反应灵敏，有着超级惊人的转身速度。它们的下颌异常强壮，可以杀死几乎所有的东西。它们不会出外觅食，只是静静地潜伏在水中，偷袭与之擦肩的鱼类或其他水生脊椎动物。由于它们的肤色是橄榄绿色，所以，它们在陆地上很容易伪装起来，然后安心地等待路过的陆生脊椎动物。有时它们还会改变捕食的策略，用自己强健的身体和灵活的尾巴驱赶鱼类到浅水处或是狭窄的岸边。

眼镜凯门鳄一家的幸福生活

　　眼镜凯门鳄的求爱行为包括跃出水面、炫耀尾巴，以及轻咬和摩擦头部与颈部等。它们在不同地点的造巢高峰期也有不同，但一般多在潮湿季节。它们的巢由叶子、小树枝、杂草以及泥等材料堆成小丘状。雌性的眼镜凯门鳄每次产卵可达40枚，而整个孵化期雌性会有规律地关心和保护巢址。幼鳄出壳时发出叫声，雌性会将巢挖、开护送幼鳄进入水中，或者用嘴携带幼鳄进入水中。

自然档案馆

纲：爬行纲

目：鳄目

科：短吻鳄科

冷血杀手——科莫多巨蜥

科莫多巨蜥是一种巨大的蜥蜴，最初人们是在印尼的科莫多岛发现的这种爬行动物。科莫多巨蜥奔跑的速度极快，扑食猎物时异常凶猛。同时，巨大而有力的长尾和尖爪是其捕猎的重要"工具"。此外，科莫多巨蜥还很善于游泳，具有潜入水中捕鱼和潜水几十分钟的特殊本领。

科莫多巨蜥性情凶猛，目前只有凶猛的咸水鳄才有过捕食它的记录。科莫多巨蜥的唾液中含有多种高度脓毒性细菌，因此受到它攻击的猎物即使逃脱，也会因伤口引发的败血症而迅速死亡，而逃脱的猎物就成了其他巨蜥口中的美食。

自然档案馆

纲：爬行纲
目：有鳞目
科：巨蜥科

科莫多巨蜥的鼻孔较大，可以更好地捕捉空气中的气味分子。眼睛较大，视力很好。

通常年长且体形较大的科莫多巨蜥享有优先权。它们会用强壮的尾巴击打年幼者，使之不能接近食物。科莫多巨蜥进食时狼吞虎咽，尽其食量而吃。有时吃得太多，以至于不得不歇上六七天来消化食物。同许多蜥蜴一样，科莫多巨蜥的舌头既是味觉器官又是嗅觉器官。它们的舌头吐进吐出，是在搜寻空气中腐尸的气味。

剧毒户——箭毒蛙

箭毒蛙是拉丁美洲乃至全世界最著名的蛙类之一，它们被世人所知晓有两方面的原因：一方面是因为它们跻身于世界上毒性最大的动物之列；另一方面是因为它们拥有非常鲜艳的警戒色，是蛙中最漂亮的成员之一。一只箭毒蛙所含的毒素就足以杀死20000只老鼠。箭毒蛙多数体形很小，最小的仅1.5厘米，只有少数种类的箭毒蛙体长可以达到6厘米。箭毒蛙家族中蓝宝石箭毒蛙具有极高的毒性，它们绚丽的体色使潜在的掠食者远远避开。而黄金箭毒蛙则是箭毒蛙家族中毒性较强的一种，一只黄金箭毒蛙身体中所含有的毒素足以杀死10个成年人。生活在南美哥伦比亚西部的箭毒蛙所分泌的毒素，是目前世界上所知的最厉害的毒，仅1克的十万分之一便可置人于死地。

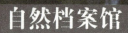

自然档案馆

纲：两栖纲

目：无尾目

科：箭毒蛙科

特殊的育幼行为

　　雌雄箭毒蛙的交配常发生在栖生于倒木上的凤梨科植物附近，这不是因为箭毒蛙喜欢欣赏花的美丽，而是因为这些植物轮生的叶片构造像一个小"池塘"，为蛙卵提供了发育的场所。雌蛙会将卵产在积水处，卵一旦发育成蝌蚪，雌蛙便将蝌蚪从地面分别背到树上不同的有适量积水的凤梨科植物的小"池塘"中。

箭毒蛙的全身布满色彩鲜明的斑纹，体表的腺体会分泌毒素。

箭毒蛙的爪子底部有吸力极强的吸盘，可以紧紧地吸附在树干、树叶等处。

海洋杀手——大白鲨

　　大白鲨，又称食人鲨、白死鲨，体重可达 3 吨，是大型的海洋肉食动物之一。大白鲨身体硕大，尾呈新月形，牙大且有锯齿缘，被认为是极具危害性的动物。它们因在未受刺激的情形下对游泳、潜水的人，甚至小型船只进行致命攻击而恶名昭彰。大白鲨的嗅觉和触觉极其灵敏，可以嗅到海水中 1 千米外被稀释成原来的 1/500 浓度的血液，它们会因此而狂性大发，以 40 千米 / 小时以上的速度追赶，用其血盆大口中的 3 000 颗牙齿将猎物瞬间撕成碎片。目前，大白鲨已经创下了对人类致命攻击的最高纪录，尤其是对潜水员和冲浪者的进攻。

智多星训练营

你见过鱼类把头竖立在水面上吗？在所有的鲨鱼之中，大白鲨是唯一可以把头部直立于水面之上的鲨鱼，这样它们就可以在水面之上寻找潜在猎物。而大白鲨在水中的泳速最高可达 70 千米/小时，它们的这个速度相当于奥运百米冠军速度的两倍。

大白鲨的眼睛上方有层隔膜，当眼球向内翻转，会呈现翻白眼的状态。这样可保护眼球不会被猎物弄伤。

大白鲨的背部则是暗灰色，它们的皮肤也极具杀伤力，上面长满了小小的倒刺，哪怕猎物只是被它们撞了一下也会鲜血淋漓。

大白鲨的牙齿巨大，呈三角形，牙齿背面长有倒钩。

自然档案馆

纲：软骨鱼纲

目：鼠鲨目

科：鼠鲨科

气泡鱼——河豚

河豚是世界上第二毒的脊椎动物，河豚的内部器官含有一种致命的神经性毒素，而且没有任何解药。曾经有人对河豚的毒性做过测定，它的毒性相当于剧毒药品氰化钠的 1 250 倍，只需要 0.48 毫克就能让人窒息而死。河豚鱼的毒素耐热，100℃下连续 8 小时的蒸煮都不会被破坏，盐腌和日晒也都不能破坏毒素，120℃下蒸煮 1 小时这些毒素才能被破坏。中毒者的症状表现为语言表达混乱、视觉模糊、听力减退、面色苍白、呕吐、四肢发冷、血压下降、脉搏微弱、呼吸系统开始麻痹，之后中枢神经系统麻痹，最快的，中毒者能在 10 分钟内死亡，一般的中毒者是在 4~5 个小时抽搐或呼吸停止而死，最迟不过 8 小时内死亡。50% 的河豚中毒者都会死亡。

智多星训练营

当渔民的渔网捕捞到河豚，并把它们倒在岸上时，河豚会迅速地吸气，并膨胀成圆鼓鼓的状态——装丑诈死。这时，人们往往可能觉得它们很可恶，很难看，有的人就会不由自主地用脚踢一下，这就在无形中帮了它们的大忙——它们会顺势一滚逃回水中，瞬间消失得无影无踪。

河豚的体形浑圆，行动时主要依靠胸鳍推进。这样的体形虽然可以灵活旋转，但河豚在膨胀时，成排的刺毛会竖起来转，速度却不快，是个容易被猎取的目标。

河豚的背鳍很小，但是因为它们的身体后半部不具有游泳肌肉，所以它们只能利用左右摇摆的背鳍划水。

河豚的眼睛内陷，半露眼球，上下齿各有两个牙齿，形似人牙。

"致命一刺"—石头鱼

石头鱼像玫瑰花一样长有刺，且有毒，人们形象地称之为"致命一刺"，它是鱼类家族中毒性超强的一种鱼。石头鱼生活于岩礁、珊瑚间，以及泥底或河口之中。石头鱼体粗短，头和口大，眼小，其皮肤多是疣状肿块和肉垂，并不光滑，像块石头一样。石头鱼的体形与颜色常会与周围环境混为一体，不易被察觉。石头鱼的背部有几条毒鳍，鳍下生有毒腺，每条毒腺直通毒囊，囊内藏有剧毒毒液。当被人误踩时，石头鱼的大量致命毒液会通过背鳍棘的沟注入人体，令人迅速中毒并且一直处于剧烈的疼痛中。石头鱼对人类有致命的危险。

自然档案馆

纲：鱼纲
亚门：脊椎动物亚门
科：鲉科

石头鱼的传说

　　传说在远古时代，当时的百义部落与轩辕黄帝在马良镇一带发生了激烈的争战，双方的争战造成河流堵塞，洪水泛滥，大片良田被淹，百姓怨声载道。此事惊动了天上的玉皇大帝，玉皇大帝大怒，于是降旨派雷神劈山炸石，疏凿河道。相传碎石掉进水里竟都化为游鱼，百姓争相捕食充饥，因此人们把这种鱼叫石头鱼。

石头鱼眼睛的位置很特殊，长在背部，而且特别小，眼下方有一深凹槽。

水中狼族——食人鱼

食人鱼又名水虎鱼、食人鲳，是南美洲著名的肉食性淡水鱼。食人鱼具有锋利的牙齿，它们能够轻易咬断钢制的鱼钩或是人的手指。它们性情凶猛，一旦发现猎物，往往群起而攻之。

食人鱼的雌雄外观相似，都有鲜绿色的背部和鲜红色的腹部，体侧有斑纹。它们的听觉异常灵敏，两腭短而有力，下腭突出，食人鱼喜欢栖息在河流的干流和较大的支流中，那里河面宽广、水流湍急。在亚马孙河流域，人们将食人鱼视为当地最危险的四种水族生物之首。在食人鱼活动最频繁的巴西马把格洛索州，每年大约会有1 200头牛被食人鱼吃掉。由于食人鱼这种凶残的习性，人们将其称为"水中狼族"或"水鬼"。

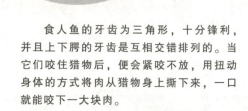

食人鱼的牙齿为三角形，十分锋利，并且上下腭的牙齿是互相交错排列的。当它们咬住猎物后，便会紧咬不放，用扭动身体的方式将肉从猎物身上撕下来，一口就能咬下一大块肉。

小鱼吃大鱼

俗语说："大鱼吃小鱼，小鱼吃虾米。"可是这句话如果套用在食人鱼身上，或许要反过来说了，在南美洲亚马孙河流域的一些湖泊和河流中，生长着一种群居性的小鱼，它们不怕大型动物，极具攻击性，它们丝毫不畏惧身形比自己庞大的大鱼，对大鱼常常群起而攻之，这就是食人鱼。

自然档案馆

纲：辐鳍鱼纲
目：脂鲤目
亚科：锯脂鲤亚科

温和杀手——黄貂鱼

　　黄貂鱼的毒液在尾刺部位，尾刺两侧长有倒生的锯齿，刺入皮肉后，会造成皮肤的严重裂伤，相继而来的中毒的症状有：剧痛和烧灼感，全身阵痛，痉挛，皮肤红肿，血压下降，呕吐腹泻，发烧胃寒，心跳加速，肌肉麻痹，甚至死亡。到目前为止，黄貂鱼是人类所知的体形最大的有毒鱼类，尾部长达 37 厘米。倘若人类被刺到胸腔，那么就不仅仅是受到重伤这么简单了，还有可能会因此而死亡，尤其是黄貂鱼所释放的毒液进入了心脏，即使马上抢救，也往往无济于事。2006 年 9 月 4 日，澳大利亚的"鳄鱼猎手"史蒂夫·艾尔文在拍摄水下纪录片时遭到黄貂鱼的攻击，被刺到了重要器官。虽然医疗人员及时赶来，但史蒂夫·艾尔文早已经不幸身亡了。

黄貂鱼的尾巴前部宽扁，后部细长如鞭，其长为体长的 2~2.7 倍，前部有一根生有锯齿的扁平尾刺，尾刺基部有一毒腺。

自然档案馆

纲：软骨鱼纲

目：鲼形目

科：魟科

黄貂鱼的眼睛很小，但是很突出，几乎与眼睛后面的喷水口一样大。

一剂良药黄貂鱼

　　黄貂鱼又名赤魟，它除可以食用外，还有一定药用价值。用其熬油，可以治疗小儿疳积。它尾部的毒液是一种氨基酸和多肽类的蛋白质，其药性咸、寒，有小毒，对于中枢神经和心脏类疾病具有一定的效应，有清热消炎、化结、除症之功效。将其尾刺研磨入药，对治疗胃癌、食道癌、肺癌、乳腺炎、咽喉炎、疟疾、牙痛、魟鱼尾刺刺伤均有一定的疗效。

热情杀手——红火蚁

红火蚁入侵学校、草坪、民宅等地，会对人类进行叮咬。通常情况下，它们都是集体行动，一个蚁巢里的红火蚁数量在 20 万~50 万只。红火蚁的尾刺会排放毒液，毒液中的毒蛋白会引起中毒者产生过敏反应，伴有如火灼般的疼痛感，之后会出现如灼伤般的水泡，严重时会休克甚至死亡，如果水泡破掉的话，会引发细菌的二次感染。相关人士在 1998 年所做的调查中显示，在南卡罗来纳州约有 33 000 人被红火蚁叮咬，其中有 15%的人产生了局部严重的过敏反应，2%的人有严重系统性反应，甚至造成过敏性休克，当年甚至有两人因红火蚁的袭击而死亡。红火蚁威力无穷，还会啃咬电线，导致电线短路从而发生小型火灾。

智多星训练营

被叮咬后应该怎样治疗

　　被红火蚁叮咬后处理的三步骤：冰敷、不抓、就医。专家建议民众若遭红火蚁叮咬，应立即冰敷患部，并以肥皂与清水清洗；其次要忍耐身体不适，不可伸手抓揉被叮咬处，以免将脓包弄破；最后若患有过敏病史或被叮咬后产生全身性搔痒、荨麻疹、脸部燥红肿涨、呼吸困难、胸痛、心跳加快等症状，就应该尽快就医。

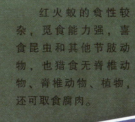

　　红火蚁的食性较杂，觅食能力强，喜食昆虫和其他节肢动物，也猎食无脊椎动物、脊椎动物、植物，还可取食腐肉。

捕食者——螳螂

螳螂生性残暴好斗，在食物缺乏时经常会出现同类之间大吞小和雌吃雄的现象，它们只吃活虫，进食时通常以有刺的前足牢牢钳食它们的猎物。而分布在南美洲的个别种类的螳螂还能不时攻击小鸟、蜥蜴或蛙类等小动物。有的螳螂有保护色，有的可以拟态，与其所处环境相似，借以伪装捕食多种害虫。依靠拟态，螳螂不但可躲过天敌，而且在接近或等候猎物时也不易被发觉。雌虫交尾后常吃掉雄虫，将卵产在卵鞘内以保护幼虫不受恶劣天气影响或天敌袭击，卵数约 200 个。如果幼虫同时全部孵出，它们常常会互相残杀，然后吞食对方。因为所有的螳螂都是凶猛的食肉昆虫，所以用"捕食者"来形容它们是不足为过的。

螳螂的前足腿节和胫节有利刺，胫节镰刀状，常向腿节折叠，形成可以捕捉猎物的前足。

螳螂的臀域发达，翅呈扇状，休息时叠于背上。

自然档案馆

纲：昆虫纲

目：螳螂目

科：螳螂科

螳螂的头为三角形，且活动自如，复眼大而明亮；触角细长。

智多星训练营

螳螂的身体呈黄褐色、灰褐色或绿色。胸部具有两对翅、三对足。因其可以捕捉害虫，故为益虫。其后足的基部具有听器。螳螂雌性的食欲、食量和捕捉能力均大于雄性，雌性有时还能吃掉雄性。雌性的产卵方式很特别，既不产在地下，也不产在植物茎中，而是将卵产在树枝表面。雌性一般头朝下，从腹部先排出泡沫状物质，然后在上面顺次产卵，泡沫状物质很快凝固，形成坚硬的卵鞘。

中国的螳螂

中国已知约有 51 种螳螂。其中，南大刀螂、北大刀螂、广斧螂、中华大刀螂、欧洲螳螂、绿斑小螳螂等是中国农、林、果树和观赏植物害虫的重要天敌。

杀人蜂——非洲劲蜂

非洲劲蜂又称非洲杀人蜂，它的毒性极强。据不完全统计，在短短的几十年里，已经有几百人被这种毒性极强、凶猛异常的蜂活活地蜇死。至于在这种蜂的攻击下，死于非命的猫狗和其他家畜，更是不计其数。后来，尽管人们采取了许多措施，想消灭这一大祸害，但是，因为这些杂交蜂适应自然的能力极强，繁殖的速度很快，所以，直至今日还没能有效地遏止它们的蔓延。现在非洲劲蜂的繁衍数量已超过 10 亿，并从南美洲蔓延到了美国的得克萨斯州和加利福尼亚州等地，时至今日，已有 1 000 人死于非洲劲蜂的叮咬。

非洲劲蜂的翅膀发达，飞翔速度快。静止时前翅纵折，覆盖身体背部。

非洲劲蜂的口器为嚼吸式，口器发达，上颚较粗壮。头顶长有一对触角，约 12 或 13 节。眼睛分为复眼和单眼，视力较好。

智多星训练营

非洲劲蜂是由于人类自己的偶然疏忽才产生的。1956年，圣保罗大学研究室引进了 35 只非洲蜜蜂。当时，人们知道这种蜜蜂是欧洲蜜蜂的亚种，由于多年生长在非洲密林中，自然条件严酷，养成了一经挑战就一起共同攻击敌人的特性。在饲养中，人们特地在蜂箱入口都安上了铁丝网，防止它们跑出去。谁知有个警卫人员不明真相，误将铁丝网取了下来，转眼间，就有 25 只蜜蜂逃了出去，没有办法追回来。这些逃离的蜜蜂逐渐进化成了令人恐惧的"杀人蜂"。

疟疾传播者——疟蚊

　　疟蚊广布全世界，已知的种类有近 450 种和亚种，分归于 6 个亚属，但中国仅有按蚊亚属和塞蚊亚属，共约 60 种和亚种。疟蚊体多呈灰色，翅有黑白花斑，刺吸式口器。静止时腹部翘起，与停落面成一定角度。雌虫吸取人、畜的血，传播疟疾和丝虫病等，故又称疟蚊。中国常见的种类为中华按蚊、微小按蚊和巴拉巴按蚊等。疟蚊幼虫多喜在有水草、阳光照射的天然清水中孳生；成蚊多分散躲在室外洞穴中，部分在居室、畜舍内越冬。

自然档案馆

纲：昆虫纲
目：双翅目
科：蚊科

疟蚊的头部似半球形，有复眼和触角各一对，刺吸式口器一个。

疟蚊与其他种类蚊的区别

　　疟蚊翅上有黑灰相间的斑点，停息时，头部贴近地面，腹部向上抬起，身体与物面成 30°~45° 斜角，而库蚊、伊蚊停息时身体与物面持平行姿势，因此很容易加以区别。疟蚊主要在黎明晨曦期间攻击人类，其幼虫多在各种有水草的湖泊、池塘、稻田、溪流等水质较清、水生植物丰富处孳生。疟蚊主要传播疟疾，还传播丝虫病。

　　疟蚊的胸部分为前胸、中胸和后胸，每个胸节有足一对，中胸有翅一对，后胸有一对平衡棒，中胸、后胸各有气门一对。

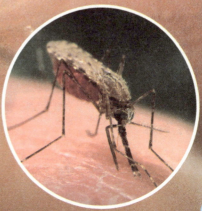

吸血能手——舌蝇

舌蝇属于非洲吸血昆虫，能传播引起人类的睡眠病以及家畜类疾病的非洲锥虫病。舌蝇以人类、家畜及野生动物的血液为食。分布广泛，多栖于人类聚居地及撒哈拉以南某些地区的农业地带。舌蝇又叫采采蝇，约有 30 种。它身体比苍蝇小，体长 6~13 毫米，体呈黄色、褐色、深褐色至黑色，它的喙较长，水平向前伸出。雌、雄舌蝇都吸食人和动物的血，昼夜活动。坚挺的刺吸口器平时呈水平方向，叮咬时尖端向下。双翅在静止时平叠于背上。每个触角上有一个鬃毛状的附器，叫触角芒，触角芒上有一排长而分支的毛，这点与其他蝇类不同。

自然档案馆

纲： 昆虫纲

目： 双翅目

科： 蝇科

舌蝇休息时，两个翅膀互相重叠，覆盖在腹部的背面。

智多星训练营

在所有舌蝇的种类中，仅存在两种传播致人类睡眠病的锥虫（锥虫是一类带鞭毛的原生动物）。在锥虫侵入人体的早期，是寄生在人的淋巴液和血液中，引起人体大部分的淋巴结肿大、脾肿大、心肌发炎。到了晚期，锥虫会侵入人体的脑脊液，使人患脑膜炎，出现无欲状态，全身震颤、痉挛，最后嗜睡以致昏睡，一般在两年内死亡。

猎鸟高手——捕鸟蛛

捕鸟蛛分为树栖捕鸟蛛和地栖捕鸟蛛两种，树栖捕鸟蛛是自然界中最巧妙的猎手之一。捕鸟蛛能够在树枝间编织具有强烈黏性的网，一旦有自己喜食的小鸟、青蛙、蜥蜴和其他昆虫落入网中，它们是绝对没有逃脱的机会的。捕鸟蛛多在夜间活动，白天隐藏在网附近的巢穴或树根周围。一旦有猎物落网，它就迅速爬过去，抓住猎物，分泌毒液将猎物毒死，然后慢慢地享用。由于捕鸟蛛十分凶悍，所以人类对它也是敬畏有加。

捕鸟蛛织的蛛网能经得住300克重的东西。1975年,在墨西哥曾发现一棵大树的几根树枝被一张巨大而多层的捕鸟蛛网所遮盖，最大的网竟能将一棵18.3米高的大树上部3/4的树枝全部遮盖住。

蜘蛛界"巨人"

在蜘蛛的世界中，有一种蜘蛛可谓蜘蛛界的"巨人"，它就是能够捕食小鸟的捕鸟蛛。捕鸟蛛大小一般在 5~15 厘米之间，和成年人的拳头大小相当。当捕鸟蛛四足向外伸展的时候体宽可以达到 25~30 厘米，而最大的捕鸟蛛体长可达到 25 厘米。

捕鸟蛛头部有 8 只眼，所以叫"八眼蜘蛛王"，不过它却是高度的近视眼。

自然档案馆

纲：蛛形纲

目：蜘蛛目

科：捕鸟蛛科

名如其物——
黑寡妇蜘蛛

　　黑寡妇蜘蛛（简称黑寡妇）是一种具有强烈神经毒素的蜘蛛。它是一种分布广泛的大型蜘蛛，在热带及温带地区均有发现。在南非，黑寡妇蜘蛛被称作纽扣蜘蛛、红背蜘蛛。黑寡妇蜘蛛以昆虫为食，偶尔也捕食马陆、蜈蚣和其他蜘蛛。黑寡妇蜘蛛身长在2~8厘米之间。由于这种蜘蛛的雌性有交配后立即咬死雄性配偶的习性，因此民间为之取名为"黑寡妇"。黑寡妇蜘蛛这一名称一般特指属内的一个物种，有时也指多个寡妇蜘蛛属的物种，其中有31种已被识别的物种，包括澳大利亚红背蛛和褐寡妇蜘蛛。

自然档案馆

纲：昆虫纲
目：蜘蛛目
科：姬蛛科

黑寡妇毒性强

　　黑寡妇蜘蛛性格凶猛，具有攻击性，毒性极强。而且，它叮咬人时常常不会被注意，但数小时内，人就会开始出现恶心、剧烈疼痛和身体僵硬等症状，偶尔还会出现肌肉痉挛、腹痛、发热以及吞咽或呼吸困难等症状。轻度中毒者经医治一两天后可以出院，重者则要在医院待上一个月，甚至会出现生命危险。

　　成年雌性黑寡妇蜘蛛腹部呈亮黑色，并有一个红色的沙漏状斑记。

毒蝎冠军——
巴勒斯坦毒蝎

巴勒斯坦毒蝎被认为是地球上毒性最强的蝎子，主要生活在以色列和远东地区，在英国、澳大利亚、俄罗斯、美国、法国、意大利、日本等 19 个国家的科学家评选出的 10 种动物属的"世界毒王"中它占据第五位。它那长长的尾巴中带有很多毒液的螫针，会趁你不注意刺你一下，螫针释放出来的剧毒的毒液会让你极度疼痛、抽搐、瘫痪，甚至心跳停止或呼吸衰竭。

巴勒斯坦毒蝎的头胸部由 6 节组成，呈梯形，背面附有头胸甲，其上密布颗粒状突起，背部中央有一对中眼，前端两侧各有 3 个侧眼。

成年的巴勒斯坦毒蝎的外形好似琵琶，全身表面都是几丁质的硬皮。成蝎体长 50~60 毫米。

自然档案馆

门：节肢动物门

纲：蛛形纲

目：蝎目

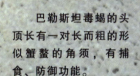

巴勒斯坦毒蝎的头顶长有一对长而粗的形似蟹螯的角须，有捕食、防御功能。

尾刺可入药

　　尾刺又叫毒刺、毒针、螫刺，位于蝎子身体的最末一节，是主要的药用部位。它是由一个球形的底及一个尖而弯曲的钩刺所组成，从钩刺尖端的针眼状开口可以射出毒液，用以帮助蝎子自卫和杀死猎物。宋代的医学名著《本草衍义》中说："蝎，大人小儿通用，治小儿惊风不可阙也。"说的就是蝎毒之药效。

以小见大——蜱虫

蜱虫成虫的躯体背面有壳质化较强的盾板，通称为硬蜱，属硬蜱科；无盾板者，通称为软蜱，属软蜱科。全世界已发现的蜱虫约 850 种，包括硬蜱科约 700 种，软蜱科约 150 种，纳蜱科 1 种。中国已记录的硬蜱科约 100 种，软蜱科 10 种。蜱虫多蛰伏在浅山丘陵的草丛里和植物上，或寄宿于牲畜等动物的皮毛间。不吸血时，它的身体干瘪如绿豆般大小，也有极细如米粒的；吸饱血液后，它的身体饱满如黄豆大小，大的如指甲盖般大。蜱虫叮咬的无形体病属于传染病，人类对此病的抵抗力不强，若与病重患者有密切接触或直接接触病人血液的医务人员或其陪护者，如不注意防护，也可能被传染。

蜱虫的生命周期

蜱虫颚基与躯体的前端相连接，是一个界限分明的骨化区，呈六角形、矩形或方形。

自然档案馆

纲：蛛形纲
亚纲：蜱螨亚纲
目：寄螨目

吸血蜱杀手

受到蜱虫叮刺吸血的人多无痛感，但由于蜱虫螯肢、口下板同时刺入宿主皮肤，可造成宿主局部充血、水肿、急性炎症反应，还可引起继发性感染。

有些硬蜱科蜱虫在叮刺吸血过程中会分泌唾液，唾液中的神经毒素可导致宿主运动性纤维的传导障碍，引起上行性肌肉麻痹现象，可导致宿主呼吸衰竭而死，医学上称之为蜱瘫痪。

深海刺客——海胆

海胆有背光和昼伏夜出的习性，它主要靠身体发射出的针刺防御敌害。当发现猎物或遭到攻击时，海胆便用针刺把毒液注入到对方体内。所以，人或动物都容易受到海胆的攻击。海胆的针刺排列为螺旋状，并且在刺尖上生有倒钩。一旦海胆的刺刺入人体，便很难将其取出，同时，刺中的毒液会发挥作用，使伤者的伤情加重。当海胆与敌人作战时，它的精力高度集中，常常运用灵活敏捷的针刺给敌人造成致命伤害。海胆的针刺极为敏感，即使是某个东西的影子投落到身上，针刺也会马上行动起来，进入紧张的备战状态。当海胆攻击敌人时，它会将几根针刺紧靠在一起，组成尖锐的"矛"，以便产生更大的威力。

海胆的全身长满了刺状的棘，这些刺棘可以自由活动。

智多星训练营

　　海胆浑身都是宝，海胆黄不但味道鲜美，营养价值也很高，每 100 克鲜海胆黄中含 41 克蛋白质，还含有磷、铁、钙等营养成分。海胆还可以加工成为盐渍海胆、酒精海胆、冰鲜海胆、海胆酱和清蒸海胆罐头等多种海胆食品。海胆的吃法多种多样，无论是新鲜的海胆黄或是经过加工的海胆产品，都可用来清蒸、煎、炒，做成冷盘或烹调成汤食用。

蓝环章鱼的剧毒

蓝环章鱼的原产地位于澳大利亚新南威尔士海域，现在这种章鱼主要栖息在日本与澳大利亚之间的太平洋海域中。蓝环章鱼是一种很小的章鱼品种，臂腕不超过 15 厘米。它可以捕食小鱼、蟹、虾及甲壳类动物，并且会用很强的毒素（河豚毒素）麻痹猎物。在海洋中，蓝环章鱼属于剧毒生物之一，被这种小章鱼咬上一口就会有生命危险。它体内的毒液可以在数分钟内置人于死地，目前医学上仍未有解毒的方法。人被这种章鱼蜇刺后几乎没有疼痛感，一个小时后，毒性才开始发作。幸运的是蓝环章鱼并不好斗，很少主动攻击人类。如果遇到想要袭击自己的大型动物，它会闪耀蓝光，向对方发出警告。

自然档案馆

纲：头足纲
目：八腕目
科：章鱼科

独门秘器——剧毒墨汁

蓝环章鱼的毒性非常强，海钓者需要小心。蓝环章鱼咬上一口就能杀死一个人，并且无法抢救。它尖锐的嘴能够刺穿潜水员的潜水衣，同时，喷出的剧毒墨汁足以使一个成年人在几分钟内毙命。

蓝环章鱼的体表为黄褐色，并有鲜艳的蓝环。

致命的鸡心螺

　　鸡心螺又叫"芋螺"，它们的外壳前方尖瘦而后端粗大，形状像鸡的心脏或芋头，主要生长于热带海域，多见于暖海，是生活在沿海珊瑚礁、沙滩上的美丽螺类，世界上共有 500 种左右不同种类的鸡心螺。鸡心螺是肉食性的海洋生物，通常以海洋蠕虫类动物、小鱼以及其他软体动物为食。由于鸡心螺的行动相当缓慢，它们不得不利用有毒的"鱼叉"（一种毒性齿舌）来捕捉像小鱼一样行动迅速的猎物。一些鸡心螺的毒性非常强大，足以毒死一个成年人。

自然档案馆

门：软体动物门
纲：腹足纲
科：芋螺科

不能拿的贝壳

鸡心螺表面艳丽的颜色和色块儿的模式很容易吸引那些好奇心强的人将它们拾起，而悲剧就此发生，至今已有30多起由鸡心螺毒液致死的事件发生。还有一种巨毒的鸡心螺，名叫"雪茄螺"，意思是被它们蜇后就只剩下抽一支雪茄的抢救时间了。

鸡心螺的尖端部分隐藏着一个很小的开口，可以从这里射出毒针。

澳大利亚箱形水母
的致命毒液

澳大利亚箱形水母俗名为海黄蜂，被称为"海洋中的透明杀手"。澳大利亚箱形水母是一种淡蓝色的透明水母，形状像个箱子，有 4 个明显的侧面，每个面都有 20 厘米长，这种水母仅有大约 40 厘米长。它共有 24 只眼睛，每 4 只眼睛集中在一个地方。澳大利亚箱形水母的触须上生长着数千个储存毒液的刺细胞，它不仅会对经过身边的任何生物进行恶意的攻击，就连一些生物的外壳或皮肤不经意的刮蹭都会刺激这些微小的毒刺的攻击。只要有谁胆敢招惹它，它就会疯狂地向对方注射最有效的神经毒素。它被认为是目前世界上已知的、对人类毒害最强的生物之一。它的重要特征是呈立体箱形的身体以及四条较粗壮的触手，它的触须可达 3 米长。

自然档案馆

纲：立方水母纲
目：立方水母目
科：箱形水母科

惹不起也躲不及

澳大利亚箱形水母是世界上毒性最强的水母，也是世界上最毒的海洋生物之一，排在十大致命动物排名的第三位。人一旦被其触须刺中，3分钟之内就会死亡，且无药可救。在澳大利亚昆士兰州沿海，25年来因被澳大利亚箱形水母蜇伤而身亡的约有60人，可与此同时葬身于鲨鱼之腹的仅有13人。

美丽触手——海葵

海葵是一种构造非常简单的动物，世界上共存在有 1 000 种以上，广泛分布于各大洋中。海葵一般为单体，无骨骼，富肉质，因外形似葵花而得名。海葵的口盘中央为口，周围有触手，少的仅十几个，多的达千个以上，珊瑚礁上的大海葵就有如此壮观的触手。海葵的触手一般都按 6 或 6 的倍数排成多环，彼此互生；内环较大，外环较小。触手上布满刺细胞，用来御敌和捕食。大多数海葵的基盘用于固定于礁石上，有时也能缓慢移动。少数海葵无基盘，埋栖于泥沙质海底，有的海葵能以触手在水中游泳。

海葵非常长寿，寄居蟹有时会长期把海葵背在背上作为伪装。海葵是我国各地海滨最常见的无脊椎动物，主要品种包括绿海葵、黄海葵等。

海葵的触手颜色鲜艳，具有摄食、保卫和运动的功能。

自然档案馆

纲：珊瑚虫纲
亚纲：六放珊瑚亚纲
目：海葵目

第二章

植物杀手

毒蝎子——夹竹桃

　　夹竹桃原产于印度、伊朗和阿富汗，在中国栽培历史悠久，遍及南北城乡各地，有红色和白色两种，夹竹桃喜欢充足的光照、温暖和湿润的气候条件。夹竹桃是最毒的植物之一，它含有多种毒素，有些甚至是致命的。它的毒性极高，曾有少量致命或差点儿致命的报告。根据美国毒物控制中心联合会毒物暴露监督系统的报告指出，美国在2002年就有847例夹竹桃中毒事件。印度有多宗吃夹竹桃自杀的案例。中国香港曾有因用夹竹桃枝烹调食品或搅拌粥品而致死的案例。中国台湾曾经发生过用夹竹桃枝当筷子，吃下有毒汁液中毒的案例。

智多星训练营

　　夹竹桃是常绿直立大灌木，高达 5 米，含乳白色汁液，无毛。叶 3~4 枚轮生，在枝条下部为对生，长 11~15 厘米，宽 2~2.5 厘米，下面为浅绿色；侧脉扁平，密生而平行。夹竹桃的果实为矩形，长 10~23 厘米，直径 1.5~2 厘米；其种子顶端具黄褐色种毛。夹竹桃的经济效益非常高，可以说它全身是宝；它的茎皮纤维为优良混纺原料，又可提制强心剂；根及树皮含有强心苷和酞类结晶物质及少量精油；茎叶可制杀虫剂。夹竹桃的茎、叶、花朵都有毒，它分泌出的乳白色汁液含有一种叫夹竹桃苷的有毒物质，误食会中毒。

夹竹桃的花瓣呈伞状，花朵生长在顶端，其花萼直立，花冠深红色，芳香，副花冠为鳞片状，顶端撕裂。

最称职的杀手——羊角拗

　　羊角拗是中国华南山坡常见的野生灌木，叶为长矩圆形，边缘平整，聚伞花序，顶生，花冠为漏斗状，裂片延伸成长线状，黄色。羊角拗全株有剧毒，有毒成分为羊角拗苷、毒毛旋花苷等，误食后的中毒症状为心跳紊乱、呕吐腹泻、神经性失语、幻觉、神志迷乱等。羊角拗的茎枝为圆柱形，略弯曲，多截成 30~60 厘米的长段；表面棕褐色，有明显的纵沟及纵皱纹，粗枝皮孔为灰白色，横向凸起，嫩枝上密布有灰白色小圆点皮孔；其质硬脆，断面为黄绿色，木质，中央可见髓部。羊角拗叶对生，皱缩，展平后呈椭圆状长圆形，长 3~8 厘米，宽 2.5~3.5 厘米，中脉于下面突起。

从内而外毒发全身

　　羊角拗全株有毒，含强心总苷，是多种强心苷的混合物。其中毒机制同强心苷类药物，如洋地黄等。中毒症状：初期头痛、头晕、恶心、呕吐、腹痛、腹泻、烦躁不安，继而上肢出冷汗、面色苍白、脉搏不规则、瞳孔放大、对光不敏感，继而痉挛、昏迷、心跳停止，最终死亡。

羊角拗的果实为果木质，双出扩展，长披针形，长约 10~15 厘米，皮极厚，干时为黑色，具纵条纹。

自然档案馆

纲：双子叶植物纲
目：龙胆目
科：夹竹桃科

羊角拗的种子呈线形而扁，一端有长尾，密生白色丝状长毛。长约2厘米，宽约5毫米。可用于活血消肿，止痒杀虫。

全株毒者——黄蝉

　　黄蝉喜高温、多湿、阳光充足的气候，中国植物图谱数据库收录其为有毒植物。黄蝉全株都有毒，乳汁毒性最强，误食会有高烧、泻痢、呕吐、嘴唇红肿、心跳加快、循环系统和呼吸系统障碍等症状；皮肤触及汁液会出红疹；妊娠动物食之会流产。

　　黄蝉是常绿直立或半直立灌木，高约一米，也有高达两米的。黄蝉植株具乳汁，叶3~5枚轮生，椭圆形或倒披针状矩圆形，长5~12厘米，宽达4厘米，被短柔毛，叶脉在下面隆起。其花瓣为聚伞状，花冠颜色鲜黄，花冠基部为漏斗状，花瓣共有5个裂片，长4~6厘米，喉部被毛；5枚雄蕊生喉部，花药与柱头分离。果实为球形，直径2~3厘米，具长刺。花期为5~8月，果期为10~12月。

自然档案馆

纲：双子叶植物纲
目：龙胆目
科：夹竹桃科

黄蝉的栽培技术

　　黄蝉多用扦插培殖，在 20℃条件下可进行。扦插苗长根后，软枝黄蝉移到盆里，每盆 3 株，及时摘心，培养矮化丰满株形。硬枝黄蝉，小苗时可先栽在地上，及时摘心，培养枝条，待枝条达到 5~6 个分枝后，移到盆里；修枝整形，培养矮化株形。在黄蝉的生长季节，常保持土壤湿润，每 20 天施肥一次，可加速其枝梢旺盛生长，花开不断，但在其休眠期需控制水分。

黄蝉的花为聚伞花序，花冠为鲜黄色，基部膨大呈漏斗状，中心有红褐色条纹斑。

天使的号角——
木本曼陀罗

  木本曼陀罗，是植物王国中最有可能让人变成僵尸的可怕家伙，又称"天使的号角"，号称全球十大最危险植物之一。

  根据 2007 年 VBS 电视台拍摄的纪录片《哥伦比亚恶魔的呼吸》中关于木本曼陀罗的介绍及其中所描述的提炼方法，哥伦比亚一名罪犯从"天使的号角"中提取东莨菪碱并制成了一种强效药，这种药会让人根本不知道自己在做什么，即使他们处于完全有意识的状态。

  东莨菪碱能够穿过皮肤和黏膜被人体吸收，许多罪犯就利用这一点，通过将含有东莨菪碱的粉末吹到目标人物脸上的方法，便可达到杀人于无形的目的。《哥伦比亚恶魔的呼吸》为观众讲述了一系列与东莨菪碱有关的令人恐怖的真实事件。在其中一个故事中，一名男子曾主动将自己的所有财产转让给一名罪犯。可事后，他根本回想不起来自己曾经做了什么。

木本曼陀罗的花为白色，呈喇叭状下垂，长达20厘米，花期6~10月。其洁白硕大的花朵下垂悬吊，犹如灯笼，是一种观赏价值很高的花木。

智多星训练营

木本曼陀罗是常绿半灌木，茎粗、叶大，叶呈卵状心形，顶端渐尖，长15~28厘米，宽8~15厘米，嫩枝和叶两面均被柔毛。木本曼陀罗还有一定的药用价值，它的花含较多的东莨菪碱，含量可达0.4%。此外，木本曼陀罗还含有莨菪碱，它的叶也含以上两种生物碱。根据《新华本草纲要》记载：本品有毒，中毒过量可用巴比妥或水合氯醛解毒。

麻风树中的致命汁液

麻风树是一种常见的药用植物，四季可采，多鲜用，多以树皮、树叶及果实（包括榨油后的渣饼）入药。麻风树树皮光滑，种子呈长圆形，种衣呈灰黑色。中医认为麻风树种子性寒，有散淤、止痛的作用，也可治跌打损伤及皮肤瘙痒，有的地方还用它治疗胃肠炎。麻风树全株有毒，茎、叶、树皮均有丰富的白色汁液，内含大量毒蛋白，是麻风树毒素的主要来源。麻风树种子的毒蛋白浓度最高，其毒蛋白的毒性与蓖麻毒蛋白类似。种子中还含有少量氰氢酸及川芎嗪。毒蛋白能引起强烈的胃肠道刺激症状，甚至会导致出血性胃肠炎。

未成熟的麻风果实为青绿色，果实丰厚，成簇地长在树枝上。

有毒的麻风树

麻风树为中国植物图谱数据库收录的有毒植物，其种子的毒性最多，枝叶次之，种仁有腹泻和催吐作用；成人食 2~3 粒麻风树种子即引起头昏、呕吐、腹痛，多食症状加重，有呼吸困难、皮肤青紫、循环衰竭，并有尿少、血尿及明显溶血现象，最后虚脱死亡。曾有人对小白鼠腹腔注射 22.2 克树皮乙醇提取物，小白鼠出现活动减少、抖动、安静、闭眼、衰竭而死等一系列症状。

断肠草——大茶药

　　大茶药即俗称的断肠草，是葫蔓藤科一年生的藤本植物，其主要的毒性物质是葫蔓藤碱。据记载，吃下它以后，人的肠子会变黑，并粘连在一起，人会腹痛不止而死。一般的解毒方法是洗胃，服炭灰，再用碱水和催吐剂，然后用绿豆、金银花和甘草煎后服用。在我国，大茶药主要分布在长江流域以南各地及西南地区，生长在丘陵、树林、灌丛中。大茶药的根为浅黄色，有甜味。它全身有毒，尤其是根、叶毒性最大。由于大茶药与金银花的外形相似，常有误食大茶药导致中毒的现象发生。

大茶药的花序为伞状，生长在顶部，三叉分枝，苞片有2个，为短三角形；萼片5个，长约3毫米；花小，为黄色，花冠漏斗形，先端5裂，内有淡红色斑点，裂片卵形，先端尖，较花筒短。

美丽杀手——相思豆

　　相思豆是观果的园景树。著名诗人王维的诗句："红豆生南国，春来发几枝。愿君多采撷，此物最相思。"描绘的就是相思豆。这首古诗流传至今，仍然被人们广为传诵，可谓千古绝唱。

　　据悉，相思豆是一种致命的植物种子，其中包含蓖麻毒素，它是反恐怖主义法规定的受限制物质。仅仅吞下3微克这种毒素，就会丧命。相思豆的毒性比蓖麻毒素的毒性更大，它的毒性是这种化学制剂的两倍。中毒症状包括呕吐、腹泻、休克和潜在致命的肾功能衰竭以及急性肠胃炎。相思豆喜温暖湿润气候、喜光，稍耐荫，对土壤条件要求较严格，喜土层深厚、肥沃、排水良好的沙土。

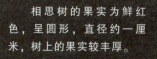

相思树的果实为鲜红色，呈圆形，直径约一厘米，树上的果实较丰厚。

自然档案馆

门：被子植物门

纲：双子叶植物纲

科：含羞草科

中药大黄

　　大黄是多种蓼科大黄属的多年生植物的合称，也是中药材的名称。在中国的地区文献里，"大黄"往往指的是马蹄大黄。在中国，大黄主要做药用，但在欧洲及中东，大黄往往做食物。大黄的气味清香，味苦而微涩，嚼之黏牙，有砂粒感。大黄喜冷凉气候，耐寒，忌高温。野生大黄生长在我国西北及西南海拔2000米左右的高山区；家种的大黄多在海拔1400米以上的地区，那些地区冬季最低气温多在 –10℃以下。大黄对土壤要求较严，一般以土层深厚，富含腐殖质，排水良好的土壤或砂质土壤最好，酸性土和低洼积水地区不宜栽种大黄。

自然档案馆

纲：双子叶植物纲

科：蓼科

属：大黄属

大黄不能和叶子在一起食用

大黄本身无毒无害，甚至是有益健康的。但是，如果大黄和叶子不小心一起烹饪，会产生消化道刺激物，可能会引起胃痛、恶心、呕吐、出血、乏力、呼吸困难、口腔烧灼、肾脏疼痛和无尿症，这些症状都可能引起血液中钙含量急剧下降、心跳或呼吸停止。

秋末茎叶枯萎或次春发芽前采挖大黄的根，除去细根，刮去外皮，切瓣或段，绳穿成串干燥或直接干燥。中药大黄具有攻积滞、清湿热、泻火、凉血、祛瘀、解毒等功效。

肉食植物——狸藻

　　狸藻是浮游或沉水性水草，是狸藻属中最具代表性的水草。狸藻的植物体为翠绿或黄绿色，有长达 100 厘米的柔细主茎轴，茎轴两旁长出分枝，在分枝上又长出美丽的羽状针形裂叶。

　　狸藻为多年生草本植物（少数为一年生），可生于池塘、沟渠、湿地、热带雨林等地。

　　狸藻是植物世界最可怕的杀手之一。这种水生肉食植物依靠几个没入水中的囊状物捕获蝌蚪、小型甲壳类动物。没有疑心的"过路者"会触碰到一个外部刚毛触发器，导致囊状物打开，捕获"过路者"。被囊状物捕获后，猎物会因窒息或饥饿走向死亡，它们的尸体腐烂后变成液体被囊状物壁上的细胞吸收。

自然档案馆

纲：双子叶植物纲
目：唇形目
科：狸藻科

狸藻科食虫植物包括狸藻属、螺旋狸藻属、捕虫堇属 3 属约 300 种。其中狸藻属约有 218 种，世界大部分地区都有分布，是全球分布最广、品种最多的食虫植物。狸藻属按其生态习性可分为陆生种群、水生种群和附生种群三大类，陆生种群约占总数的 80%，水生种群约占 15%，其他为附生种群。

狸藻的花呈黄色，花冠左右对称，为唇形。

狸藻没有根，可以直接漂浮在水面上生长。

碱性植物——博落回

博落回为罂粟科植物，多年生草本植物，高1~2米，全体带有白粉，折断后有黄汁流出。茎圆柱形，中空，绿色，有时带红紫色。博落回多生于山坡、路边及沟边，分布在我国长江流域中下游各省。其单叶互生，叶为卵形，长15~30厘米，宽12~25厘米，叶柄长5~12厘米，基部巨大。博落回含多种生物碱，毒性颇大。新闻上已屡有口服或肌注后中毒乃至死亡的报道，主要是因为博落回的毒素能引起急性心源性脑缺血所导致的综合征。

自然档案馆

纲：双子叶植物纲

目：毛茛目

科：罂粟科

博落回的花为白色，顶端为淡黄色，花朵下垂，呈圆锥状。

须根带毒的八角枫

八角枫株丛宽阔，根部发达，适宜于山坡地段造林，对涵养水源、防止水土流失有良好的作用。八角枫的叶片形状较美，花期较长，可栽植在建筑物的四周，是绿化树种的较优选择。八角枫的须状根毒性很大，中毒轻者会出现头昏、无力的状况，重者会因呼吸不畅而致死。其根全年可采，挖出后，除去泥沙，斩取侧根和须状根，晒干即可入药。八角枫夏、秋采叶及花，晒干备用或鲜用。我国长江流域以南各地均有八角枫的分布。

八角枫的花为黄白色，花瓣狭长，有芳香，花丝基部及花柱附近生有粗短毛。

八角枫的叶子呈卵圆形，基部偏斜。全缘或微浅裂，表面无毛，背面脉腋簇生毛，入秋后叶转为橙黄色。

地狱花——曼珠沙华

　　曼珠沙华又名红花石蒜，是石蒜的一种，为血红色的彼岸花。曼珠沙华是多年生草本植物；地下有球形鳞茎，外包暗褐色膜质鳞被。其叶呈带状，较窄，深绿色，自基部抽生，发于秋末，落于夏初，花期为夏末秋初，约从 7~9 月。曼珠沙华花茎长 30~60 厘米，通常 4~6 朵排成伞形，着生在花茎顶端，花瓣倒披针形，花被为红色（亦有白花品种），向后开展卷曲，边缘呈皱波状，主要分布区域在中国长江中下游、西南部分地区、越南、马来西亚及东亚各地。它的球根含有生物碱利克林毒，可引致呕吐、痉挛等症状，对中枢神经系统有明显影响，被日本人称为"地狱花"。但也有一定的药效，可用于镇静、抑制药物代谢及抗癌作用。

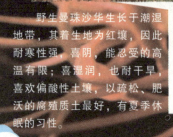

野生曼珠沙华生长于潮湿地带，其着生地为红壤，因此耐寒性强，喜阴，能忍受的高温有限；喜湿润，也耐干旱，喜欢偏酸性土壤，以疏松、肥沃的腐殖质土最好，有夏季休眠的习性。

自然档案馆

纲：单子叶植物纲
目：天门冬目
科：石蒜科

曼珠沙华是自花授粉植物，一般以鳞茎 3~4 年繁殖一次，种子很多。由于曼珠沙华的花和叶子不能同时出现在植株上，它又被称为最无情无义的花。

死亡之花

曼珠沙华的寓意包括悲伤的回忆、相互思念、优美、纯洁、分离、死亡之美、永远无法相会的悲伤。其鳞茎可制酒精，可提取石蒜碱，也可做农药。其毒性为全株有毒，鳞茎毒性较大，食后会流涎、呕吐、下泻、舌硬直、惊厥、四肢发冷、休克，最后因呼吸麻痹而死。

凌波仙子——水仙花

水仙花是多年生的草本植物，原产于中国江浙一带，在中国已有一千多年的历史，是中国的传统名花之一。现在主要分布在我国东南沿海地区、中欧、地中海沿岸和北非地区。水仙花多为水养，花香浓郁，植株亭亭玉立，故有"凌波仙子"的雅号。水仙花是中国植物图谱数据库收录的有毒植物，其毒性为全草有毒，鳞茎毒性较大，因其花瓣为白色，常被称为"雪毒"。误食水仙花会引发呕吐、腹痛、脉搏频微、出冷汗、下痢、呼吸不规律、体温上升、昏睡、虚脱等症状，严重者会因痉挛、麻痹而死。水仙的花、枝、叶都有毒，所以要防止小孩子无意间的吞食。

自然档案馆

纲：单子叶植物纲

目：百合目

科：石蒜科

水仙花的花瓣多为白色，分为 5 瓣，最多可达 10 瓣，呈伞状。花蕊外围为红色，内部为淡黄色，花期为 1~3 月。

养植水仙花

　　家养水仙不需任何花肥，只用清水即可。为使水仙生长健壮，白天可以把它拿到阳台晒太阳。如果想推迟花期，可在傍晚时把盆水倒尽，次日清晨，再加清水。此外，如果生长多天仍看不到饱满的花苞，可采用给水加温的方法催花，水温以接近体温最适宜。

草寸香——铃兰

铃兰又名君影草、山谷百合、风铃草，是铃兰属中唯一的植物。铃兰多生于深山幽谷及林缘草丛中，原种分布在亚洲、欧洲及北美洲，特别是纬度较高的地区，像我国东北林区和陕西秦岭都有野生的铃兰。

铃兰的毒性为6级，植株的各个部位都有毒，特别是叶子，甚至是保存鲜花的水也会有毒。中毒的症状表现有面部潮红、紧张、易怒、头疼、出现幻觉、瞳孔放大、呕吐、胃疼、恶心、心跳减慢、心力衰竭、昏迷，严重时可导致死亡。因其外表美丽，所以铃兰又被称为"蛇蝎美人"。

铃兰植株矮小，高20厘米左右，地下有多分枝而平展的根状茎，花茎从鞘状叶内抽出。

自然档案馆

纲：单子叶植物纲
目：天门冬目
科：假叶树科

铃兰的花为小型钟状花，生于花茎顶端，总状花序花枝，偏向一侧。花朵为乳白色悬垂若铃串，每条茎上有花 6~10 朵，花朵莹洁高贵，精雅绝伦。

铃兰是一种名贵的香料植物，它的花可以提取高级芳香精油。其白色的铃铛状花朵，非常美丽，偶尔会结出橘红色的果实。花香浓郁，盈盈浮动，幽沁肺腑，令人陶醉。

哑棒——万年青

万年青是多年生常绿草本植物，又名蓝、千年蓝、开喉剑、九节莲、冬不凋、冬不凋草、铁扁担、乌木毒、白沙草、斩蛇剑等，原产于中国南方和日本，是很受欢迎的优良观赏植物。万年青在中国有悠久的栽培历史，其汉语名称"蓝"意为"性喜温暖的草本植物"。万年青的全株有毒，茎毒性最大，其次是叶。其枝叶中的液体内含有毒生物碱，触及人的皮肤会引起奇痒、皮炎。误食会引起口腔、咽喉、食道、胃肠肿痛，甚至伤害声带，使人变哑，因而民间称万年青为"哑棒"，并有"花好看、毒难挨"的说法。

万年青可以盆栽观赏，适宜点缀客厅、书房。其幼株小盆栽，可置于案头、窗台观赏。中型盆栽可放在客厅墙角、沙发边作为装饰，其枝叶一年四季的青绿色会令室内充满自然生机。

万年青的浆果呈球形，为橘红色；内含一粒种子。

万年青的花很多，丛生于顶端，排列成短穗状花序；花被6片，淡绿白色，卵形至三角形，头尖，基部宽，下部呈盘状。

智多星训练营

万年青喜在林下潮湿处或草地中生长。性喜半阴、温暖、湿润、通风良好的环境，不耐旱，稍耐寒；忌阳光直射、忌积水。一般园土均可栽培万年青，但以富含腐殖质、疏松透水性好的微酸性砂质壤土为最好。

以毒攻毒——山菅兰

　　山菅兰为多年生草本植物，株高 0.3~0.6 米，叶线形，两列基生，革质花序，顶生，花青紫色或绿白色。山菅兰的根可入药，用于拔毒消肿，外用治痈疮脓肿、淋巴结结核、淋巴结炎等。山菅兰生长喜半阴或光线充足的环境，喜高温多湿，越冬温度在 5℃以上才可，不耐旱，对土壤条件要求不严。山菅兰生于向阳山坡地、裸岩旁及岩缝内。山菅兰毒性大，误食很危险，会因引起呼吸困难而致死，但可以利用它的毒性来以毒攻毒。将山菅兰捣烂后可敷治毒蛇或毒虫咬伤。

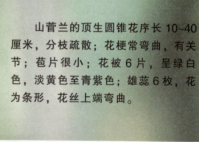

山菅兰的顶生圆锥花序长 10~40 厘米，分枝疏散；花梗常弯曲，有关节；苞片很小；花被 6 片，呈绿白色，淡黄色至青紫色；雄蕊 6 枚，花为条形，花丝上端弯曲。

智多星训练营

　　山菅兰为百合科、山菅兰属植物，别名桔梗兰、老鼠砒。从这个名字看，就知道它是有毒的。全草有毒，家畜中毒可致死。在我国，山菅兰仅生长在南方的少数几个省。

山菅兰的叶长 30~60 厘米，宽 1~2.6 厘米，基部收梗成鞘。

山菅兰的浆果为紫蓝色，呈球形，成熟时有如蓝色宝石，成簇地生长在枝干上。

隐身杀手——萱草

自然档案馆

纲： 单子叶植物纲

目： 百合目

科： 百合科

萱草长有伞状花序，花大，呈漏斗形，花被裂片长圆形，下部合成花被筒，上部开展而反卷，边缘为波状。

萱草的生长习性

萱草性强健，耐寒，在华北地区可露地越冬，适应性强，喜湿润也耐旱，喜阳光又耐半荫。

　　早在康乃馨成为母爱的象征之前，中国就存在一种母亲之花，它就是萱草花。萱草在中国有几千年栽培历史，萱草又名谖草，谖就是忘的意思。

　　萱草的别名众多，如"金针""黄花菜""忘忧草""宜男草""疗愁""鹿箭"等。新鲜萱草的花粉里含有一种叫秋水仙碱的化学成分，毒性很大。这种物质能强烈地刺激消化道，成年人如果一次食入0.1～0.2毫克的秋水仙碱(相当于鲜黄花菜50～100克)，就会发生急性中毒，出现咽干、口渴、恶心、呕吐、腹痛、腹泻等症状，严重者还会出现血便、血尿或尿闭等症状，20毫克的秋水仙碱可致人死亡。

滴水毒观音——海芋

海芋喜高温、潮湿，耐阴，不宜强风吹，不宜强光照，适合大盆栽培。它的叶阔大，花序为肉穗状，外有大型绿色佛焰苞，开展成舟形，如同观音座像。如果生长的环境过于湿润，海芋会从叶片上往下滴水，所以被称为滴水观音。因其有剧毒，又被称为滴水毒观音。

海芋的花瓣有毒，从花瓣上滴下的水也有毒，误碰或误食会引起咽部和口部不适，严重的还会引起中毒者窒息，导致人心脏麻痹死亡。皮肤接触海芋会发生瘙痒或强烈刺激，眼睛接触其汁液可引起严重的结膜炎，甚至失明，故应尽量减少接触海芋，有小孩的家庭最好不要种植。

海芋的叶子较多，呈螺旋状排列；叶柄粗大，长可达 1.5 米，基部连鞘宽 5~10 厘米；叶片为革质，表面稍光亮，绿色，背面较淡，极宽，箭状卵形，边缘浅波状。

海芋是多年生草本植物，它的名称较多，如痕芋头、狼毒、野芋头、山芋头、大根芋、大虫芋、天芋、天蒙等。海芋原产于南美洲，后被引进到中国。在中国北方需在室内越冬，在南方可以露地生长，其球茎和叶可以作为药用，台湾所说的海芋是指马蹄莲。

海芋为直立草本，地上茎有时高达 2~3 米，全株最高可达 5 米。

自然档案馆

纲：单子叶植物纲
目：泽泻目
科：天南星科

花中毒西施——杜鹃花

　　杜鹃花别名映山红、尖叶杜鹃、兴安杜鹃，主要生于山坡、草地、灌木丛等处。杜鹃花叶可入中药，具有解毒、化痰、止咳、平喘之功效，可以治疗感冒、头痛、咳嗽、哮喘、支气管炎等症状。

　　杜鹃花有一种松软组织和看起来会随风飘走的花瓣，但如果这些花瓣被动物吃了，足以致命。黄色杜鹃的植株和花内均含有毒素，误食后会引起中毒；白色杜鹃的花中含有四环二萜类毒素。我国的杜鹃花属有毒植物，数量在60种以上，而且大都毒性很强，常引起人、畜的中毒。杜鹃花主要有毒品种包括羊踯躅、大白花杜鹃和牛皮茶等，人误食中毒的症状主要为恶心、呕吐、血压下降和呼吸不畅，甚至因呼吸衰竭而死。

自然档案馆

纲：单子叶植物纲

目：百合目

科：百合科

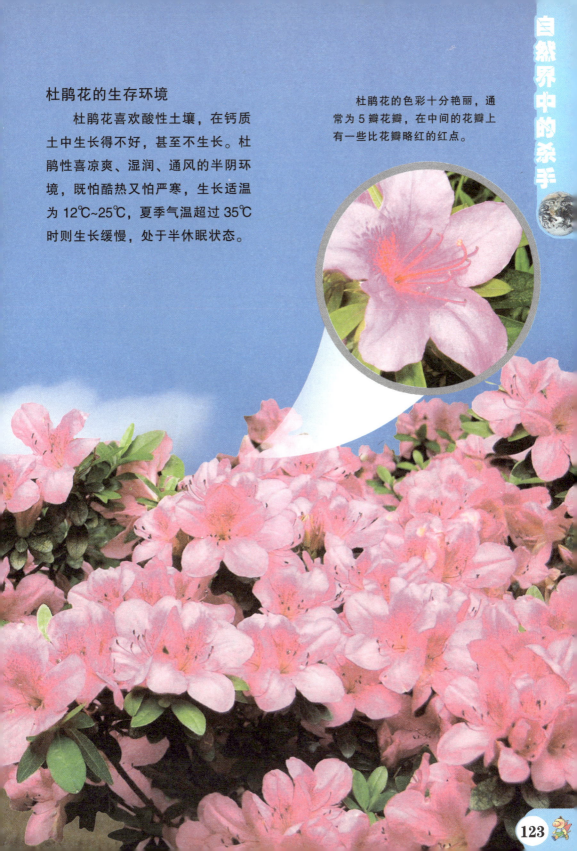

杜鹃花的生存环境

　　杜鹃花喜欢酸性土壤，在钙质土中生长得不好，甚至不生长。杜鹃性喜凉爽、湿润、通风的半阴环境，既怕酷热又怕严寒，生长适温为 12℃~25℃，夏季气温超过 35℃时则生长缓慢，处于半休眠状态。

　　杜鹃花的色彩十分艳丽，通常为 5 瓣花瓣，在中间的花瓣上有一些比花瓣略红的红点。

杀人凶手——舟形乌头

　　舟形乌头是一种细长、竖直且有毒的多年生草本植物。有一次，有人问一位植物学家，什么植物才是晚宴谋杀的最理想选择，植物学家认真思索之后，给出了舟形乌头这个答案。植物学家说："你只要将它们的根剁碎、然后炖，就能获得一个杀人利器，根本无需求助于化工厂。"舟形乌头开出紫色的花，通常栖身于后院花园内。它们含有有毒的乌头生物碱，能够使人窒息。虽然用炖舟形乌头"招待"客人是在开玩笑，但植物学家还是强烈建议人们，在花园内修剪这种植物时，一定要戴上手套，以免发生中毒的悲剧。

中毒症状

　　人的皮肤可以吸收舟形乌头的毒，然后产生灼热、刺痛、麻木、恶心、呕吐、呼吸困难、血压降低、体温急剧下降（中毒者的血液会像冰一样寒冷）、剧烈疼痛、心脏麻痹等症状，但中毒者始终保持清醒。

智多星训练营

舟行乌头的毒可以治病，人们利用它的这一特点做外敷，可治疗神经性疼痛。这种植物的毒性也被恶意地使用过，古时候的人把它的汁液涂在箭上制成毒箭射杀动物，有时也用其做处罚死刑犯的毒药，因此它的花语是"恶意"。

舟形乌头的花为紫色，排列成总状花序，看上去十分美丽，但有剧毒。

北美毒王——水毒芹

水毒芹原产于北美，属于伞科植物，气味十分难闻，毒性很大，被美国农业部视为"北美地区毒性最强的植物"。

水毒芹含有巨毒的毒芹素，误食后不久便感觉口腔、咽喉等部烧灼刺痛；随即出现胸闷、头痛、恶心、呕吐、行动困难、全身痉挛、肌肉震颤、四肢麻痹、眼睑下垂、失声等症状，常因呼吸肌麻痹窒息而死。从中毒到死亡，最短者数分钟，最长25小时。即使有幸存者，也将面临长期的亚健康的困扰，比如患上失忆症等。

水毒芹是一种直立生长的野生植物，花朵为白色小花，美丽诱人，叶子上有紫色条纹。

不可生食的银杏

　　银杏为落叶乔木，5月开花，10月结果。银杏是现存种子植物中最古老的孑遗植物，与它同门的其他所有植物都已灭绝，虽然银杏很珍贵，但是它也是有毒植物，不可误食。

　　银杏的果实叫白果，可加热食用。因为白果内毒性很强的氢氰酸毒素，在遇热后毒性会减小，但如果生吃则会引发中毒。银杏叶内含有大量的银杏酸，而银杏酸是有毒的。由于银杏酸是水溶性的，银杏叶泡水冲饮会使有毒物质溶出，饮用后容易造成中毒。

银杏的种子呈核果状，具长梗，下垂，椭圆形，长圆状倒卵形，卵圆形或近球形。

自然档案馆

纲：银杏纲
目：银杏目
科：银杏科

图书在版编目（CIP）数据

自然界中的杀手／崔钟雷主编. -- 北京：知识出
版社，2014.8
（奇趣百科大揭秘）
ISBN 978-7-5015-8175-7

Ⅰ．①自… Ⅱ．①崔… Ⅲ．①动物－青少年读物②植
物－青少年读物 Ⅳ．①Q95-49②Q94-49

中国版本图书馆 CIP 数据核字(2014)第 193076 号

奇趣百科大揭秘——自然界中的杀手

出 版 人　姜钦云
责任编辑　周玄
装帧设计　稻草人工作室
出版发行　知识出版社
地　　址　北京市西城区阜成门北大街 17 号
邮　　编　100037
电　　话　010-88390659

印　　刷　北京一鑫印务有限责任公司
开　　本　889mm×1194mm　1/16
印　　张　8
字　　数　60 千字
版　　次　2014 年 9 月第 1 版
印　　次　2020 年 2 月第 3 次印刷
书　　号　ISBN 978-7-5015-8175-7
定　　价　28.00 元